借"奥运"东风
推进我国建造师执业资格制度的完善

举世瞩目的2008北京奥运会及残奥会已经完美落幕,在党中央和国务院的关怀下,在北京市委市政府和中央有关部委的全力支持下,北京奥运场馆建设从2003年全面启动,先后有48项新建、改(扩)建、配套建设项目建设完成,并成功投入使用。在这些场馆的建设中将现有的技术管理优势发挥到极致,充分吸收消化外来新技术、新工艺、新理念,在实践中涌动智慧发明创新硕果累累,在每项工程建设中尽最大努力践行了"绿色奥运、科技奥运、人文奥运"三大理念。请参阅"'奥运三大理念'在奥运工程建设中的实践"、"2008北京奥运会场馆建设及赛后利用研究"。

我国建造师执业资格制度框架体系已经基本建立,并已进入运行、完善和发展的轨道。"我国建造师执业资格制度建设的回顾与展望(上)"一文从学习、理解、宣传和建议的角度对我国建造师制度的建设进行了回顾、总结和展望,重点对制度体系和文件体系进行了比较、解析和总结,对建造师制度需要完善的方面提出了自己的看法,并展望我国建造师制度建设的发展趋势。文章全面、权威,对广大读者理解建造师执业资格制度有一定的指导意义。

2008年1月1日起正式施行的《中华人民共和国劳动合同法》是一部非常重要的法律,它牵涉到我们每个人和每个企业的切身利益。探讨新《劳动合同法》对全社会以及各行各业的影响,尤其是对于劳动密集、用工量大、队伍流动、事故高发的建筑企业,更显重要。本书特别推出《劳动合同法》有关专家的文章,供建筑企业的决策者及从业者参考。

"工程实践"栏目继续推出一线建造师的施工管理经验,与同业者交流。

"建造师风采"栏目重在介绍建造师的工作、学习、生活状况,希望读者积极参与进来,推介你身边的建造师,当然也可以是你自己!

《建造师》系列丛书编委会副主任、我国土木工程领域的著名学者、清华大学江见鲸教授于2008年9月6日因病逝世,享年71岁。建造师执业资格考试大纲编委会赠送了花圈并表示沉痛哀悼!江教授生前对我国建造师执业资格制度的建立与发展做出了巨大的贡献,在我们缅怀前辈的同时,期待着更多的读者关注建造师制度的建设!

图书在版编目(CIP)数据

建造师 11/《建造师》编委会编. — 北京：中国建筑工业出版社，2008
ISBN 978-7-112-10335-5

Ⅰ.建...Ⅱ.建...Ⅲ.建造师—资格考核—自学参考资料 Ⅳ.TU

中国版本图书馆 CIP 数据核字(2008)第138297号

主　编：李春敏
特邀编辑：杨智慧　魏智成　白　俊

《建造师》编辑部
地址：北京百万庄中国建筑工业出版社
邮编：100037
电话：(010)68339774
传真：(010)68339774
E-mail：jzs_bjb@126.com
　　　　68339774@163.com

建造师 11
《建造师》编委会　编
*
中国建筑工业出版社出版、发行(北京西郊百万庄)
各地新华书店、建筑书店经销
北京朗曼新彩图文设计有限公司排版
世界知识印刷厂印刷
*
开本：787×1092毫米 1/16 印张：7½ 字数：250千字
2008年9月第一版　2008年9月第一次印刷
定价：15.00元

ISBN 978-7-112-10335-5
(17138)

版权所有　翻印必究
如有印装质量问题，可寄本社退换
(邮政编码 100037)

特别关注

1　"奥运三大理念"在奥运工程建设中的实践　　任明忠
6　2008年北京奥运会场馆建设及赛后利用研究　　林显鹏

研究探索

12　我国建造师执业资格制度建设的回顾与展望(上)
　　　　　　　　　　　　　　　　　　　　　江慧成
17　适应《劳动合同法》：成于转型 毁于规避
　　　——企业如何面对劳动合同法　　　　　常　凯
22　新《劳动合同法》对建筑业的影响　　　　蔡金水
26　人力资源管理面临的法律环境和挑战　　　程延园
32　国有建筑企业人力资源管理现状与对策　　宁惠毅
36　绿色施工呼唤绿色标准体系　　　　　　　唐晓丽
39　建设工程项目业主方全过程索赔管理探讨
　　　　　　　　　　　　　　　　　李建军　王宇静
42　悬索结构弯曲索单元模式的研究与应用
　　　　　　　　　　　　　　　　　施建春　杜文学

工程实践

46　北京汽车博物馆等2项工程室内钢桥安装施工
　　　　　　　　　　　　　　　　　　　　　于　雷
52　北京汽车博物馆工程施工测量技术　祖耀平　张存锦
59　北京科技大学体育馆工程大跨度螺栓球网架采用拔杆群
　　外扩法整体提升技术　　　　　　　　　　李铁良
64　对置四喷嘴新型气化炉复杂控制系统的应用
　　　　　　　　　　　　　　　张国栋　姜　新　赵柱

- 68　G式全钢模板自脱模在煤仓滑模施工中的应用　龚文跃
- 71　外墙渗漏防范技术浅析　苏锡豪

海外巡览

- 76　美国建造师执业资格认证制度概要　王海滨
- 80　国际机电工程项目发展趋势　曹跃军　唐江华
- 83　中国企业投资拉美的经验教训　吴国平

工程法律

- 86　不可抗力事件对建筑企业履行施工承包合同的影响及其处理　曹文衔

案例分析

- 90　印度电力EPC项目设备安装合同浅析　陈永鑫　杨俊杰

国家标准图集应用

- 98　现浇钢筋混凝土结构施工常见问题解答(二)　陈雪光

建造师论坛

- 104　项目计划管理快速入门及项目管理软件MS Project实战运用(一)　马睿炫
- 110　装饰工程项目施工成本的动态控制　王雁

建造师风采

- 114　土法"吊"钢的故事　左慧萍
- 115　非洲建筑工地上的故事
  ——旱季施工　大凉

本社书籍可通过以下联系方法购买：
本社地址：北京西郊百万庄
邮政编码：100037
发行部电话：(010)58934816
传真：(010)68344279
邮购咨询电话：
(010)88369855 或 88369877

《建造师》顾问委员会及编委会

顾问委员会主任： 黄 卫　姚 兵

顾问委员会副主任： 赵 晨　王素卿　王早生　叶可明

顾问委员会委员(按姓氏笔画排序)：

刁永海	王松波	王燕鸣	韦忠信
乌力吉图	冯可梁	刘贺明	刘晓初
刘梅生	刘景元	孙宗诚	杨陆海
杨利华	李友才	吴昌平	忻国梁
沈美丽	张 奕	张之强	张鲁风
张金鳌	陈英松	陈建平	赵 敏
柴 千	骆 涛	逄宗展	高学斌
郭爱华	常 健	焦凤山	蔡耀恺

编委会主任： 丁士昭　缪长江

编委会副主任： 江见鲸　沈元勤

编委会委员(按姓氏笔画排序)：

王秀娟	王要武	王晓峥	王海滨
王雪青	王清训	石中柱	任 宏
刘伊生	孙继德	杨 青	杨卫东
李世蓉	李慧民	何孝贵	何佰洲
陆建忠	金维兴	周 钢	贺 铭
贺永年	顾慰慈	高金华	唐 涛
唐江华	焦永达	楼永良	詹书林

海外编委：

Roger. Liska(美国)
Michael Brown(英国)
Zillante(澳大利亚)

"奥运三大理念"在奥运工程建设中的实践

◆ 任明忠

(北京城建集团,北京 100088)

摘 要:本文简要介绍了北京城建集团作为2008北京奥运会奥运工程建设的主力军企业,在五年建设的喜悦和面对各种挑战的坚韧博弈中,认真践行了"绿色奥运、科技奥运、人文奥运"三大理念。通过奥运工程建设的种种磨练,取得了技术管理、社会效益等多方面的丰硕成果,进一步增强了企业的核心竞争力。

关键词:奥运工程建设,落实"三大"理念,实践回顾

北京奥运场馆建设从2003年全面启动,先后有48项新建、改(扩)建、配套建设项目破土。北京城建集团凭着火热的奥运激情和雄厚的设计施工能力,以投融资、开发带动工程总承包相结合,以资本运作与工程总承包相结合,承揽了奥运村等10项设计、国家体育场等19项施工、奥林匹克森林公园等3项绿化奥运工程建设任务。五年来,集团全体员工面对当今世界施工难度较大、影响深远的世纪工程,倾注全力之智,不怕流血流汗,克服千难万苦,历经"酸甜苦辣",将现有的技术管理优势爆发到极致,充分吸收消化外来新技术、新工艺、新理念,在实践中涌动智慧,发明创新硕果累累,在每项工程建设中尽最大努力践行了"绿色奥运、科技奥运、人文奥运"三大理念。

一、精心准备,增强责任,以科学的态度落实"绿色奥运"理念

1.增强投融资功能,以BOT模式承接奥运工程

当萨马兰奇主席2001年7月13日在莫斯科宣布第29届夏季奥运会主办城市为中国北京时,举国上下欢庆的同时,如何规划运作37座比赛场馆和59座训练场馆及其配套设施?要为奥运场馆建设投入多少资金?党中央和国务院提出"节俭办奥运"如何与每项奥运工程实现"安全、质量、工期、功能、成本"五统一?奥运会后这些场馆如何发挥作用?为了解决这些问题,国家奥组委和北京市政府拟定了北京2008年奥运会投融资的基本原则,即最大限度地实施市场化运营方式。通过运用特许经营模式和政府企业合作模式,吸引社会资金,建立社会化的投融资机制,有效地控制政府投入。这就是采用BOT模式对第29届奥运会场馆投资建设的一种意义重大的探索和实践。

在2008年奥运会场馆建设中,北京市政府作为奥运会承办方,参照国际成功经验,通过招标项目法人或项目法人合作方尝试BOT承包方式,探索了一条发挥政府信用杠杆作用,充分筹集社会资金参与大型基础设施建设的多元化融资新渠道。

2.集团以BOT模式承揽了多项奥运工程

北京城建集团承揽了9项新建、4项改(扩)建、6项配套共19项奥运工程施工总承包项目。其中新建的国家体育场、国家体育馆、五棵松文化体育中心、奥运村是在市场竞争中采用BOT模式运作承接的工程。集团中标的国家体育场、国家体育馆、五棵松文化体育中心、奥运村4个项目,应出资2.32亿元,由此得到的施工总承包份额为77亿元。

倍受全球瞩目的2008年奥运主会场国家体育场即"鸟巢"工程,将承担奥运会开幕式、闭幕式和田径比赛活动。北京市政府作为招标人,面向全世界公

特别关注

开招标项目法人。北京市政府公开招标的项目法人与市政府的出资人北京市国资公司共同组建项目公司，负责国家体育场项目的建设、运营，并于2038年将一座物理形态完好的体育场无偿地移交给北京市政府。由我集团与中信集团和美国金州控股集团以优势互补、强强联合，按BOT模式运作组成项目联合体中标，各方的权益比例为：中信集团65%、北京城建30%、金州集团5%。联合体与北京市政府的出资人国资公司共同成立了"国家体育场有限公司"，该公司股东单位及出资比例为：北京国资公司58%、中信集团4.4%、中信国安岳强22.9%、北京城建12.6%、美国金州集团2.1%，并于2003年8月5日由相关方正式签订了《国家体育场特需经营权》等多个协议。同时，明确了北京城建集团负责施工总承包及全部采购工作。"鸟巢"等奥运工程投标的成功，探索了我集团资本运作与施工相结合、以投融资带动工程总承包的新路子。更为我集团全面落实"绿色奥运"理念提供了载体和宏大的舞台。

3. 精心设计，文明施工，践行"绿色奥运"理念

在集团承建的这些奥运工程中，独立设计了奥运村、奥运中心区地下通道、奥运地铁支线；合作设计了国家体育馆等10项工程；施工总承包了国家体育场等19项奥运工程；完成了奥林匹克森林公园部分标的和"鸟巢"等多个项目园林绿化的设计施工任务。由于这些工程主要集中在北京城区，青岛帆船帆板训练基地也在市区，面对这么庞大的奥运工程，我们从设计理念、施工组织方式上严格按照各级政府和奥委会的要求，针对每项奥运工程的个性特点，把"绿色奥运"理念落实在每个环节。

北京城建设计总院在奥运村的设计工作中，根据奥组委的环保理念要求，重点就是利用清洁能源再生水结合热泵系统，解决再生水水源热泵工程应用技术问题。即利用再生水自身蕴含的温度差与热泵机组换热效率高，节约热泵的机械做功，能效比为4~5，也就是说热泵消耗1kW的能量，可以得到4kW以上的热能或冷能。再生水源热泵系统，可以实现冬季供暖、夏季制冷和全年生活热水的三联供。奥运村内42栋住宅楼室内末端采用两套系统：冬季为地板辐射采暖；夏季采用风机盘管，共安装三速温控风机盘管14 244台，总装机容量约600kW。楼内每对立管均设有自立式平衡阀170个。冬季供暖为地板辐射采暖加毛细管网辅助采暖，总采暖面积约30万m²，各区采暖总盘管量PB管径20mm为138.9万m，PB管径25mm为10.8万m，分集水器3 768套，每户地采暖通过南北两个分集水器控制各房间支路解决。奥运村的绿色环保设计效果，实现了奥运村内"零"排放、"零"污染。仅与实际用标准煤供暖、供热、制冷计算相比较，每年冬季可提取能量折合标准煤3 600t，至少向空气中可减少排放二氧化碳8 600t。该系统是中国目前最大的大规模利用城市再生水热能系统，项目的实施对城市污水热能开发利用具有典型的示范作用，为发展循环经济、落实节能减排、建设节约型城市、实现可持续发展起到良好的推动作用。联合国环境署官员保罗·瑞尔利诺对在奥运村落实绿色奥运理念的实践给予了很高评价。

在施工中落实奥运理念的工作强度和难度更为宏大。集团承建的"鸟巢"、国家体育馆、五棵松文化体育中心、奥运村、首都国际机场T3A航站楼、中央电视台新址B标、青岛帆船帆板训练基地等9项新建、4项改（扩）建、6项配套奥运工程，施工跨度为2至5年不等，总共实际需要保护的环保面积多达260hm²。我们在北京市和国家环保总局的指导下，把设计的绿色环保理念通过逐项工程逐个环节加以分解落实，也取得了圆满的效果。例如："鸟巢"工程实际占地面积20.4hm²，2003年12月完成拆迁开工以来，周围需要保护的环保面积多达30hm²，在国家和北京市环保、消防、建设等部门指导下，我们建立一流的"封闭围档、安全监控系统、出入检查系统、覆盖防尘网、多个环保测试装置系统"等大临设施，现场各种机具车辆所之处按国家一级公路标准硬化施工道路浇筑混凝土3km，绿化现场洒水除尘。在五年施工期间，工程总承包项目部严格贯彻国家和北京市的环保法规，认真落实集团公司建立的管理程序文件，结合集团CIS企业形象识别系统和现场实际，制订了完整的环境保护方案、企业文化展示方案，在钢结构高危、高风险的作业环境下，由于总包管理措施到位，没有出现一例有损环境保护的事故。

二、科学组织,精益求精,以技术创新为动力,落实"科技奥运"理念

1.挖掘自身最大潜能,集社会之智铸造奥运工程

我集团在奥运工程施工中,始终把国家有关部委、国家奥组委、北京市委市政府的要求贯彻到实处,以不辜负全国人民的期望和对历史高度负责的态度,从人、机、料、法、环各个环节做到科学管理,精心组织施工。

(1)全力以赴,各级实行分工责任制。奥运工程无小事,奥运工程个个是"急、难、险、重"工程,集团公司领导集体高度认识到承接的一大批奥运工程其荣誉与责任对等,不得有任何闪失。为此,集团公司主要领导、分管领导和各个部门,32家参建单位在步调一致的基础上,针对每一项奥运工程特别是重中之重的工程,按照各专业的管理规律逐级成立了一系列的领导小组,采取"领导挂帅,分工负责,既分工又协作"的机制,对内进行统一指挥与调配,对外统一沟通与协调,这就形成了集中力量过程管控、决战、决胜奥运工程的基石。

(2)组建强有力的奥运工程各个总承包部。19项奥运工程陆续开工后,集团公司根据工程的复杂程度,在集团范围内精心选拔、调集了学历层次高、事业心强、专业知识精的复合型人才到相应的项目部工作,这些员工刻苦钻研、精益求精、任劳任怨,平均每个月有一半时间吃住在施工现场。不少直接参建员工后期自我小结戏称:"干一倍的奥运工程增长了三倍以上的知识才能、干一年的奥运工程至少透支了两年的精力和体能"。这些朴实的小结语言,无论用在一线员工身上还是直接管理奥运工程的各级领导人员身上都不为过。

(3)精心选择好专业分包和劳务队伍。我们通过市场化运作,面向全国公开招标施工队伍,选择了最具实力的71家国内知名企业为土建施工、钢结构加工安装、钢结构施工单位,除集团内部企业、总承包部32家单位直接"参战"外,还有江苏泸宁、浙江精工、上海宝冶、江南重工等外部企业39家。还选择了115支综合素质好的劳务队伍。

(4)聘请多名国内外钢结构技术权威做技术支持。因为"鸟巢"工程特殊,在建设部、科技部、北京市政府及中国钢结构协会指导推荐下,集团在国内精选了吊装、焊接、设计计算共9名钢结构技术权威到现场工作,业主会同我们共同聘请了国际知名的法国布依格和万喜大型工程公司的钢结构顾问指导施工。

2.潜心规划,高度重视质量,深化施工图设计

众所周知,绝大多数奥运工程是国家重点工程,但它们又不同于一般意义上的国家重点工程。这主要表现在总体规划和设计是突发性的和变化多端性,设计大师和设计元素是中西方结合的,有的建筑材料是边设计边施工边研制生产的,不少场馆和配套工程是在边设计、边施工、边比较国外同类奥运工程中不断改进的……。这就要求我们施工方必须同政府、业主、设计、监理从磨合到尽快密切配合,做到步调一致,才能完成如此艰巨的任务。

(1)认真做好每个项目的规划。针对奥运工程不同的施工难易程度进行区别规划,统一"物化"资源及"活化"资源的配置与调配。项目规划包括各个项目班子组建、临时设施布局、施工组织设计、技术质量方案大纲、安全和环保预案、物资设备使用计划、劳动力进退方案、各级领导机关分工责任制、成本控制大纲等等。只有做好这些项目的规划,才能保证19项奥运工程在全面开花、"大兵团作战"的情况下,沿着集团既定的管理链条正常运转。

(2)制定好工程质量计划和预控方案。在这些奥运工程施工中,五棵松文化体育中心奥林匹克篮球馆的钢结构和异型外墙、奥运村50栋楼55万m²同时开工及环保施工、中央电视台新址B标的异型大体积混凝土浇筑和异型钢结构施工、首都国际机场70万m²的3号航站楼"大兵团作战"及异型钢管安装施工、"鸟巢"的钢结构与膜结构……,这些都是工程质量控制的重点和难点。有的工程施工前期甚至在国内和国外还没有现行的工程质量检验标准和验收规范,加上施工前期有的仅仅是施工图大纲而没有系统的施工图纸,这些困难给集团提出了前所未有的挑战。针对这些问题,各级机关、各个工程总承包部不等不靠、先易后难、主动出击,潜心编制的工程技术质量计划和各种预控方案数不胜数,将各种计划和预控方案做成动态的,可适时调整的。在"鸟巢"工程施工过程前期,总承包部配合科技部和建设部逐步编写出了《国家体育场钢结构施工质量验收标准》等5项标准规范,以保证工程质量达到预期目的。

(3)做好施工图深化设计。由于这些工程的特殊性,边设计、边施工、边修改比较频繁,其中"鸟巢"还经历过"瘦身"、中央电视台新址B标在施工中经历过较大规模的修改、五棵松文化体育中心的北京奥林匹克篮球馆外墙设计几经其变、首都国际机场T3A航站楼的异型钢管等待上海宝钢特殊加工制造也有过停滞。这19项施工总承包奥运工程,有三分之二的工程都需要进行较大量的施工图深化设计,据不完全的保守统计,集团各个工程总承包项目共完成土建、各专业施工深化设计绘图纸就达15.3万张,仅"鸟巢"就达3.6万张。

3. 坚持技术创新,全力以赴攻克工程难关

"鸟巢"、国家体育馆、五棵松文化体育中心、首都国际机场T3A航站楼、中央电视台新址B标、青岛帆船帆板训练基地等工程因其新颖的设计理念和特殊的结构造型,成为国内外最为关注的焦点,更是集团目前承建的技术含量高、结构复杂、施工难度大、最具有挑战性的超大型钢结构工程。各个总承包部科学组织、精益求精,圆满攻克了钢结构加工、运输、拼装、安装、合拢、卸载这一系列难题。

国家体育馆外围由78根型钢柱、437根型钢梁、278组钢支撑组成,钢屋盖体系采用新型的"双向张弦大跨度空间结构",呈近似扇形的波浪曲线,是国内最大的双向张弦超大跨空间结构,也是工程的核心抗震系统和安全保护体系,被誉为国家体育馆的"铁布衫",这种全新的结构体系在我国大型体育场馆设计中尚属第一次使用。施工中如何通过双向张拉展开这把美丽的"扇子",是国内外建筑史上未曾遇到过的施工技术难题。为了攻克这一重大施工技术难题,工程技术人员在北京工业大学结构实验室建造模型设置300个数据采集点,用计算机仿真技术为其保驾护航,最终确定符合施工要求的最优方案得以圆满完成。

"鸟巢"工程的技术和施工难度是钢结构与膜结构,总承包部在建设中挖掘自身的最大潜能,集世界智慧,组织工程技术人员先后编制完成了《国家体育场钢结构工程施工组织设计》等106个施工方案,其中对23个重点方案召开了50余次的专家论证会。仅针对钢结构安装、焊接方面就编制优化方案97项,完成焊缝长度里程累计达380km,完成钢结构检验2300批次。这项工程浇筑混凝土23万m³,用钢总量达11万t、临时支撑用钢量6000t,消耗焊条1900t,钢材重量达4.7万t的主次结构于2006年9月17日卸载后,达到了均匀下沉271mm,小于286mm的设计要求。工程全部完成国家和北京市科技攻关立项的14项。在科技部领导下,我国自主研发用于"鸟巢"的Q460E高强钢填补了国家空白。编写完成了《国家体育场钢结构施工质量验收标准》、《国家体育场ETFE膜结构施工质量验收标准》、《国家体育场PTFE膜结构施工质量验收标准》等五个标准,通过了专家论证并在市建委备案,为钢结构施工技术和质量提供了重要保证。"鸟巢"以设计理念超前、设施先进、功能齐全、造型特异、充满时代气息,2006年被美国《商业周刊》评为21世纪全球技术和施工难度第一名的"十大"公共建筑工程。英国《泰晤士报》将设计新颖、造型独特的"鸟巢",列入2007年世界十大建设之首。

在奥运工程建设项目全面完工丰收之际,集团施工总承包的19项工程,已申报北京市科技进步奖7项,已获得国家授权专利8项,已获得北京市工法17项、国家级工法9项,已有3项工程完成建设部第五批科技示范工程的验收。多数工程已经获得北京市结构长城杯奖、山东泰山杯奖,以后按照程序将会有一大批工程逐步申报省市级建筑长城杯和国家优质工程奖、鲁班奖。

三、以人为本,弘扬奥运精神,以关爱建设者落实"人文奥运"理念

1. 实行"阳光"管理,确保建设过程"公开、透明、廉洁"

奥运工程举世瞩目,国内外的众多知名承包商、供应商都重视参与工程市场竞争,我集团各个施工总承包在全部采购工作中,全面落实中央、北京市委市政府提出的"把奥运工程建设作为阳光工程示范"的要求,结合不同工程复杂性、重要性的特点,我们与检察院开展共建"阳光"奥运活动,为强化选择分包商、材料设备供应商的招标工作,我们有针对性地建立了多项规范文件和管理制度,实行阳光决策、阳光采购、阳光管理、阳光监督。在实施过程中做到"三个分离"和"一个结合",即"领导决策与实际操作相分离、投标商的选择与中标商确认相分离、组织考察与购置相分离、评委组成与具体招标相结合"。在"鸟巢"大到4.7万t的钢板材、5万多t的钢线材、23万

多 m³ 的混凝土、包括从荷兰和国内租赁两台 800t 和两台 600t 大型起重机，小到数万元，无一不通过社会公开招标精心选择。国家体育场完成的各项招标，平均中标价比市场价低 15%~18%。这些奥运工程受到国家和北京市审计等有关部门多次检查、抽查、调研时的高度肯定。

2. 以辛勤汗水诠释奥运理念，以此增辉企业品牌

奥运工程建设的过程，既是集团全体员工受到奥运精神感染的过程，也是向社会播撒、弘扬奥运精神的过程。五年来，我集团在全国除香港、澳门、台湾、西藏之外的 30 个省(市、自治区)都有设计和施工工程，还在 9 个国家有设计施工项目。在外埠，我们的业主、供应商也常常因为考察来到北京的奥运工地，而我们的自有员工也因此在奥运工程建设中得到磨砺被交换到外埠工程工作，这在潜移默化中使奥运理念被扩散、感染到更大范围，也提高了"北京城建"品牌的影响力。在各项奥运工程结构完成的雏形阶段，各个总承包部还在国家体育馆、五棵松文化体育中心、奥运村、首都国际机场 T3A 航站楼、中央电视台新址 B 标、青岛帆船帆板训练基地等工地分别搭建了参观台，专门用于接待国内、国外的社会各界友人。

特别值得集团骄傲的是，在"鸟巢"等多项重中之重的奥运工程施工过程中，中共中央总书记胡锦涛、全国人大常委会委员长吴邦国、国务院总理温家宝、全国政协主席贾庆林、国家副主席习近平等多位中共中央政治局常委，先后分别莅临过"鸟巢"等多项工程工地考察工作，中央和国家机关绝大多数部委以上领导、以及部分省(市、自治区)主要领导都到过工地指导工作。我们还在国家和北京市宣传、体育部门和国家奥组委的指导下，在"鸟巢"工程现场设立会展室，其他重要奥运工程搭设参观台，先后接待 100 多个国家政府首脑、部长和国际奥委会官员，以及社会各界的知名人士。前联合国秘书长安南和多次到"鸟巢"的国际奥委会主席罗格，称赞"鸟巢"工程很了不起，可以同悉尼歌剧院媲美。

3. 关爱建设者，实行人性化和半军事化的管理

我集团承建的这 19 项奥运工程，外聘专业分包队伍 39 支、劳务分包队伍 115 支，外施队伍员工高峰时达 68 000 人。奥运项目个个属于"急、难、险、重"工程，面对众多的专业分包队伍和劳务分包队伍，进行协调管理是对我们的一大挑战。尤其是面对庞大的劳务队伍，我们从工作、生活、工薪、业余生活处处关心的同时，以健全的制度、预案、建档等有效手段实行人性化和半军事化管理。针对数千名钢结构焊接等特殊工种人员进行专业培训考试上岗，建立可追溯的个人档案，当作自有员工同等重视培养使用。这些来自我集团 20 多年来长期与多个省(市、自治区)的多个县、市建立劳务基地的劳务队伍，不少农民工兄弟通过几年的奥运工程的锻炼，已经成长为专业技术操作骨干和不同方面的先进个人。因为参加奥运工程建设的自豪感，因为我们和谐的总分包情谊，五年中有数不清的农民工兄弟自动放弃农忙回家、春节回家、"红白"喜事回家而"为奥运搭台"默默奉献。

各总承包单位针对参施队伍多、工作强度大等特点，先后投入上千万元，在各个总承包部的劳务队伍驻地，建起了高标准、设施齐全、功能完善的彩钢房生活区，每个房间配置电风扇、电暖器，生活区内不仅有食堂、24 小时服务的医务室、电视室、小卖部、文体活动室、图书室、理发室、太阳能浴室，还在区内安装了红外保安系统和现场动态监控系统，实行封闭管理。我们同电信部门和文化部门建立合作机制，为农民工兄弟安装开设 200 余部亲情热线电话、定期放电影、定期组织游览北京城、举行卡拉 OK 大赛等活动。邀请农民工兄弟走进中央电视台"新闻会客厅"，与刘淇等领导同志共话奥运工程建设。全国总工会、中央电视台、北京市委宣传部、北京电视台先后多次将"同一首歌"、"五一劳动者之歌"搬进"鸟巢"工地慰问建设者，同时向全世界广泛传播中国人民的奥运激情。

在奥运工程建设项目全面竣工之际，建设部和北京市"发改委、规划委、建委、2008 办公室"正在联合开展"奥运工程建设技术创新和管理创新成就总结"工作，中央有关部委、国家奥组委、北京市政府也在进行奥运工程建设全面总结表彰活动。

奥运圣火熊熊燃起，"鸟巢"已经张开翅膀。北京城建集团已经基本兑现了五年前要"把'鸟巢'等奥运工程打造成经得起历史检验的民族精品，向全国人民交上一份满意答卷"的庄严承诺！"北京城建"终因奥运场馆建设的全面磨砺而厚积薄发、扩张翅膀、再展宏图！

特别关注

2008年北京奥运会场馆建设及赛后利用研究

◆ 林显鹏

(北京体育大学管理学院，北京 100084)

一、前言

在现代社会，奥运会不仅仅是国际体育竞技的舞台，同时也是一种十分复杂的经济现象。第二次世界大战以来历次奥运会的资料显示，举办奥运会对举办城市的经济乃至对举办国的整个国民经济都产生了深远的影响。然而奥运经济是有其自身发展规律的，奥运会能否对主办城市的经济发展产生持续的积极的经济影响，关键取决于奥运会结束后场馆资源的开发和利用水平。如果能够科学地规划奥运场馆，并采取正确的措施开发和利用奥运会场馆资源，将会使奥运会场馆成为独特的遗产，并为主办城市的经济发展尤其是体育产业和旅游产业的发展提供动力，反之，则使主办城市背负沉重的财政负担。

二、北京奥运会场馆的建设与布局情况

2008年北京奥运会新建12个奥运会场馆（表1），改建11个场馆，使用8个临时场馆。改建的11个奥运会场馆包括奥体中心体育场、奥体中心体育馆、工人体育场、工人体育馆、首都体育馆、丰台垒球场、英东游泳馆、老山自行车场、北京射击场飞碟靶场、北京理工大学体育馆、北京航空航天大学体育馆。8个临时场馆包括国家射击中心击剑馆、奥林匹克森林公园曲棍球场、奥林匹克森林公园射箭场、五棵松棒球场、沙滩排球场(朝阳公园)、小轮车赛场(石景山区老山)、铁人三项赛场(十三陵水库)、城区公路自行车赛场等。

北京奥运会场馆建设采取了集中建设与分散建设相结合的战略。除在奥林匹克公园集中建设国家体育场、国家游泳中心、国家体育馆、奥林匹克森林公园网球场之外，其他奥运场馆主要分布在五棵松体育中心、丰台体育中心、顺义奥林匹克水上公园以及北京市内的主要高校。北京奥运会场馆建设经历了一个优化调整的过程。优化调整后北京奥运会的场馆建设在理念上和建设工艺等方面有了不小的进步，尤其是在建设投入上充分贯彻党中央"节俭办奥运"的精神。经过优化调整的国家体育场取消了可开启屋盖，扩大了屋顶开孔，坐席数由原来的10万个减少到9.1万个，减少用钢量1.2万t，膜结构减少0.9万m²，安全性能得到加强。国家游泳馆"水立方"的优化方案为："水立方"有17 000个座位，但赛后只保留4 000个永久座位，另13 000个临时座位可以采用租借或临时安装的办法，而且这部分临时座位设置将非常灵活，一直到奥运会召开前都可以随时进行调整。五棵松体育馆通过优化，取消了原篮球馆上部的商业设施，建筑面积由11.9万m²减少到6.3万m²，用钢量由原来的4万t减少到0.5万t。北京奥运会场馆建设共投资297.55亿元，其中京内投资280亿元，京外投资17.55亿元。北京奥运会场馆的建设投资为35.97亿美元，这一数额已经超过了以往历届奥运会

北京奥运会12个新建场馆建设情况　　　　　　　　　　表1

场馆名称	地理位置	坐席数	建筑面积	赛时功能	赛后功能
国家体育场	奥林匹克公园	91 000	25.8万m²	开闭幕式、田径、足球	国际国内体育比赛和文化、娱乐活动
国家游泳中心	奥林匹克公园	6 000个永久性坐席,11 000个临时坐席	6.6~8万m²	游泳、跳水、水球、花样游泳	国际国内体育比赛及大型水上乐园
国家体育馆	奥林匹克公园		8.09万m²	体操、蹦床、手球	多功能服务的市民活动中心
北京射击馆	北京市石景山区福田寺甲3号		45 645m²	11个射击项目的资格赛和决赛	国家射击训练基地
五棵松体育馆	五棵松文化体育中心		6.3万m²	篮球	满足北京市西部社区居民商业、文化、体育、休闲需要
老山自行车馆	北京市石景山	6 000	32 920m²	场地自行车	国家自行车训练基地
奥林匹克水上公园	北京市顺义区马坡乡潮白河			赛艇、皮划艇、激流皮划艇	
中国农业大学体育馆	中国农业大学东校区校内	固定坐席6 000个,临时坐席2 000个	23 950m²	摔跤	各类常规体育项目的比赛和举行大型活动
北京大学体育馆	北京大学	固定坐席6 000个,临时坐席2 000个	26 900m²	乒乓球	举办各类比赛、开展教学、训练、大型集会等活动
北京科技大学体育馆	北京科技大学	固定坐席4 068个,临时坐席3 956个	23 993m²	柔道、跆拳道	综合体育活动中心、水上运动、健身中心及承接各类比赛
北京工业大学体育馆	北京工业大学	7 500	22 269.28m²	羽毛球、艺术体操	文体活动中心、羽毛球训练基地、适度向社会开放
奥林匹克森林公园网球场	奥林匹克森林公园			围棋	

场馆的建设投资。同时,北京奥运会场馆的建设规模也在总体上超过了以往任何一届奥运会,具体表现在:其一,北京奥林匹克公园的规划总用地是1 135hm²,是世界上规模最大的奥林匹克公园;其二,北京奥运会在场馆建设投资和场馆坐席规模上超过了以往任何一届奥运会。

三、北京奥运会场馆建设与赛后利用的初步建议

1.建立北京奥林匹克公园管理局加强奥林匹克公园及其他奥运场馆的管理

首先,北京奥林匹克公园规划总用地1 135hm²,其中森林公园680hm²,中心区用地315hm²,其余为四环路以南的国家奥林匹克体育中心及其南部预留用地。奥林匹克公园的规划面积和体育场馆建设规模远远超过国际上任何一个奥运会主办城市建设的奥林匹克公园。同时土地资源是当今国内外任何城市中最为珍贵的城市资源,对土地资源十分紧张的北京来说更是如此。对如此规模的城市土地资源进行开发和管理,仅仅依托社会通过市场经济的手段和方法是远远不够的。建立奥林匹克公园管理局可以通过政府的行政手段,确保奥林匹克公园土地的开发能够代表最广大的北京市民的意志,使得奥林匹克公园土地资源得到可持续性的开发和利用。

其次,奥运会结束以后,北京奥运会场馆将不仅成为我国体育赛事中心,更重要的是要成为国际体育赛事中心。北京奥运会场馆将面临严峻的国际竞争,若想在残酷的体育产业竞争中取胜仅仅依靠企业的单打独斗是不可想象的。在这一方面悉尼奥运会的经验值得我们借鉴,悉尼奥运会结束以后新南威尔士州政府成立了奥林匹克公园管理局。该

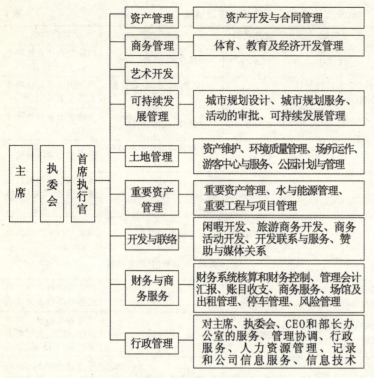

图1　悉尼奥林匹克公园管理局组织结构图

管理局积极在其他国家为奥运会场馆的业主争取开发项目,并积极为业主建立沟通平台使业主能够与北京、伦敦等主办城市建立沟通业务联系,这些都为奥运会场馆扩大经营效益,提高竞争力发挥了重要的作用(图1)。我国奥运会场馆业主大都缺乏大型体育场馆的运作管理经验,同时更缺乏国际体育产业运作管理的经验,更需要政府在这些方面提供帮助。建立北京奥林匹克公园管理局可以为奥运会场馆的业主搭建国际体育交往的平台,使这些企业能够较快地适应国际体育产业的竞争,提高这些企业的国际体育产业竞争力。

第三,奥运会场馆的服务是一种长线产品,不可能在短时期内盈利。在发展的初期需要得到政府在投资、融资、税收、能源使用等方面给予一定的政策支持,但这些政策应当如何投入需要专门的政府机构进行研究和落实。建立奥林匹克公园管理局可以对相关的政策进行研究和论证,并有利于这些政策的贯彻落实。同时,奥运会场馆的运营管理涉及体育、旅游、建筑、规划、环保、工商、税务等众多机构,建立奥林匹克公园管理局可以有效地制定具有针对

性的、科学的奥运会场馆建设与发展规划,对奥林匹克公园的长期发展进行监督和管理。

2. 建立奥运会场馆战略联盟,提高奥运会场馆的经营效益

北京奥运会场馆资源的开发与利用最重要的是通过管理体制创新,形成符合社会主义市场经济规律的科学合理的管理体制。建立北京奥运会场馆战略联盟就是一个值得认真思考和研究的组织设计模式。战略联盟是两个或两个以上的独立企业为了实现一定的战略目的而进行企业间资源整合活动的一种长期合作安排。按照供应链及企业之间关系,可以将战略联盟分为横向联盟和纵向联盟,前者的目的是为了获得"一体化"优势,即更好地进行供应链管理或营销管理;后者则是为了产生协同效应,企业优势互补。从一般意义上说,企业建立战略联盟的根本目的是为了获得和维持企业的持续竞争优势,实现营利的目的。战略联盟是西方发达国家体育产业发展的一种重要的企业组织形式,其优势主要表现在以下几个方面:首先,建立企业战略联盟可以使企业从竞争关系转变为新型的合作伙伴关系,通过彼此的核心能力,减少资源浪费和重复建设,创造新机会等来增强企业的适应能力。其次,建立企业战略联盟可以合理地分配企业生产要素,形成层次化的经营。形成层次化经营可以使企业在经营各自资产的基础上,对联盟共同拥有的资产进行经营并从中获益,进而扩大企业的经营效益。第三,建立企业战略联盟可以降低交易成本并分散企业风险。

北京奥运会场馆建立战略联盟主要有以下原因:首先,北京奥运会场馆是目前国际上档次较高的体育场馆群,未来将面临十分激烈的国内外竞争,这种竞争不是任何单一的奥运会场馆或单一的企业可以应对的。形成战略联盟可以整合奥运会场馆业主集体的力量,使北京奥运会场馆在面对国内外体育

场馆竞争的过程中处于有利的地位,同时也能够避免奥运会体育场馆内部的无序竞争。其次,建立奥运会场馆联盟有利于体育赛事和其他大型活动的组织。按照北京"十一五"规划,北京将建成国际化体育中心城市,其中一个重要的标志就是北京将建成国际体育赛事中心。目前国际大型体育赛事尤其是综合性体育赛事一般不是单一的场馆可以承接的,必须通过奥运会场馆的集体协作才能发挥奥运会场馆的整体效益。显然建立奥运会场馆联盟是提高北京承接大型体育赛事水平的重要途径。第三,奥运会场馆服务是一个长线产品,需要一个相当长时期的培育。奥运会场馆的运营管理需要大量的资金投入,建立奥运会场馆联盟可以扩大奥运会场馆的资产规模,有利于奥运会场馆在信用融资市场上获得更多的资金支持。第四,建立奥运会场馆联盟可以形成联盟内部的层次化经营,在提高各自场馆经营效益的基础上,可以从联盟的经营活动中获得一定的收益,提高自己的经营效益。

3.必须充分重视北京奥运会场馆无形资产资源的开发利用

发达国家的经验表明,大型体育场馆扩大经营效益最重要的途径就是扩大体育场馆无形资产的价值。可以毫不夸张地说,以冠名权和豪华包厢为代表的无形资产开发收入是大型体育场馆最大的收入渠道,能否有效地开发无形资产将决定北京奥运会场馆经营的成败。然而长期以来我国体育场馆无形资产开发十分薄弱,致使我国绝大多数大型体育场馆的无形资产白白流失,北京奥运会场馆开发必须在无形资产开发方面做出有益的探索。作为举办过奥运会的北京奥运会场馆在国际上具有极高的知名度,奥运会无形资产开发具有相当大的潜力。在美国、英国、德国、法国、日本等发达国家大型体育场馆的经营项目中,以体育场馆冠名权、豪华包厢等为核心的无形资产开发占据十分重要的地位。1973年,美国布法罗里奇体育场将其冠名权以150万美元的价格售出,合同期为25年。2000年,美国休斯顿得克萨斯体育场馆冠名权以3亿美元的价格,被美国万金能源集团收购,合同期为30年。这一数额比前者高出200多倍!目前体育场馆冠名权已经成为发达国家大型体育场馆最重要的开发项目之一。美国及欧洲主要发达国家70%的大型体育场馆都售出了冠名权,悉尼奥林匹克公园主体育场奥运会结束后一直亏损,2003年将冠名权卖给Telstra公司以后主体育场才开始盈利,目前我国绝大多数大型体育场馆的冠名权开发还没有进行。究其原因,一方面是我国体育场馆没有形成自我造血、自我生存和自我发展的管理体制和运行机制;另一方面我国许多大型体育场馆都有领导的题词或有一定的其他的政治因素限制。

20世纪80年代以来,豪华包厢成为美国大型体育场馆又一个重要的经营项目。美国著名的Staples体育馆在2001年从豪华包厢和俱乐部坐席的经营中获得3 500万美元的收入,远远高于冠名权的收入(580万美元)。美国20世纪90年代以来修建的大型体育场平均每个体育场配置143套豪华包厢和7 086个俱乐部坐席,每个体育馆平均配置92套豪华包厢和2 152个俱乐部坐席。北京奥运会场馆在冠名权和豪华包厢的开发上有得天独厚的条件:首先,北京奥运会场馆不论在建设规格和档次上与发达国家相比毫不逊色,规格的体育场馆为冠名权和豪华包厢的开发创造了重要的条件。其次,目前中国的经济正在快速发展,中国作为一个巨大的国际市场正在引起全球的瞩目。北京是我国的政治、经济、文化中心,经济发展速度迅猛,正在成为京津唐城市群经济发展的引擎。同时,北京正在发展总部经济,未来必将有大量国内外重要公司落户北京。奥运会场馆冠名权和豪华包厢是企业宣传企业形象、提升品牌价值的重要平台,这也为奥运会场馆冠名权和豪华包厢的开发创造了良好的条件。第三,北京作为我国的体育赛事中心城市和国际化体育中心城市,高水平的体育赛事和文体活动将层出不穷,这也为冠名权和豪华包厢的开发创造了条件。第四,北京奥运会场馆作为成功举办奥运会的场馆在国际上将具有极高的知名度,在无形资产开发方面具有极高的价值。我们实在不应当使这些无形资产白白流失。

奥运会场馆赛后开发收入渠道主要包括以下门类:奥运会基金收入、豪华包厢收入、冠名权收入、门票收入、广告收入、永久性坐席收入、食品饮料及吧台收入、停车场收入等。

4. 北京奥运会场馆经营必须为职业体育赛事的发展提供平台

职业体育赛事水平是一个国家竞技体育和体育产业发展水平的重要标志。1972年慕尼黑奥运会以来的经验表明,将奥运会场馆的运营管理与职业体育赛事相结合是奥运会场馆成功运营的基本规律。将奥运会场馆运营与职业体育赛事相结合能够给城市吸引大量的旅游者和投资者,形成城市经济发展的完整的价值链。基本理论如下:城市经济是一个相互联系、相互影响的整体,城市经济一般由总需求确定总产出,总需求部分一个小的投入就可以通过投入产出链造成国民经济成倍增长,最终带动城市经济整体发展。首先,旅游者在城市中的消费支出直接注入到城市中的相关产业,如当地的宾馆业、餐饮业、旅游业、商业、运输业等行业,产生首轮或直接经济影响。同时,旅游者首轮投入的消费支出将进一步通过投入产出链和乘数效应的扩张,影响更多的产业并进而推动整个城市经济的发展。此外,旅游者的支出还能够给政府带来大量的财政税收,以及创造更多的就业机会,促进社会的稳定(图2)。

将体育场馆运营管理与职业体育赛事相结合是美国城市大型体育场馆运营管理的成功经验。美国城市决策部门在二战以后长期不惜重金为职业体育俱乐部修建大型体育场馆,并在此基础上形成与职业体育俱乐部相互协作的"政府与私人企业伙伴关系",即PPP模式(Public Private Partnership)。在这一模式中,体育场馆的建设主要由政府出资,场馆建成以后政府以较低的价格将其出租给职业体育俱乐部。职业体育俱乐部在运营一个时期以后,将场馆的经营权再还给政府。这种合作方式有以下特点:首先,政府可以在一定时期内收回体育场馆的建设投资。其次,体育场馆的所有权和经营权分离,使得市政府不介入具体经营事务,不仅避免了经营风险,同时也避免了大量维护费用的支出。第三,大型体育场馆为职业体育俱乐部提供了重要的市场开发活动平台,拓展了职业体育俱乐部的财富,推动了体育产业的发展,并进而带动了城市经济的发展。在20世纪60年代,美国城市大型体育场馆建设投资中,城市政府的投入占88%,1970~1984年达到93%。政府不仅带动了城市经济尤其是内城经济的发展,同时也极大地促进了职业体育的发展,使得职业体育与城市更新形成了你中有我、我中有你的良性互动关系。美国大型体育场馆的PPP模式代表了当今国际大型体育场馆的建设与发展趋势,值得我国认真研究和借鉴。

5. 奥运会场馆必须以组织大型活动为核心,采取多元化运营模式

根据现代奥运会场馆的运营经验和规律,奥运会结束以后,奥运会场馆的运营主要以组织大型体育、文化、商贸、政治、宗教活动为主。汉城(首尔)奥运会结束以后,汉城奥林匹克公园成为一个体育与文化相结合的休闲娱乐中心。悉尼奥林匹克公园在建设阶段就被定位为一个世界独一无二的集体育、休闲娱乐、文化、商贸、科教为一体的大型活动中心。具体的目标包括:第一,使公园成为"澳大利亚体育第一基地",成为一个综合性世界独特的体育产业模式;第二,一个杰出的教育与培训中心;第三,促进科技发展,将其作为经济发展引擎,提高城市竞争力和公园社区居民的生活质量;第四,成为国家的健康、娱乐和康乐中心;第五,一个地区性文化、艺术、食品和娱乐中心。2002年,悉尼奥林匹克公园举办过1 759次各种活动。2003~2004年度,悉尼奥林匹克公园组织了38个项目的体育比赛,其中有400万观众到奥林匹克公园观看比赛,比上年增加77%。每周3 000人到高尔夫训练场参加娱乐健身活动,每周1 600人到网球中心打网球。公园举办过南半球规模最大的悉尼复活节展。奥林匹克公园每年吸引550万人游客,这一数量与大堡礁游客数量大体相同。显然奥运会场馆在运营中必须积极吸引和承接各类大型体育、文化、商贸、娱乐活动,使奥运会场馆区域成为多功能的大型活动中心,这是奥运会场馆运营管理能否成功的关键环节。

6. 建立奥林匹克基金会,筹集奥运会场馆的运营资金

1972年慕尼黑奥运会以来,大多数奥运会主办城市都利用奥运会的盈利资金建立奥林匹克基金

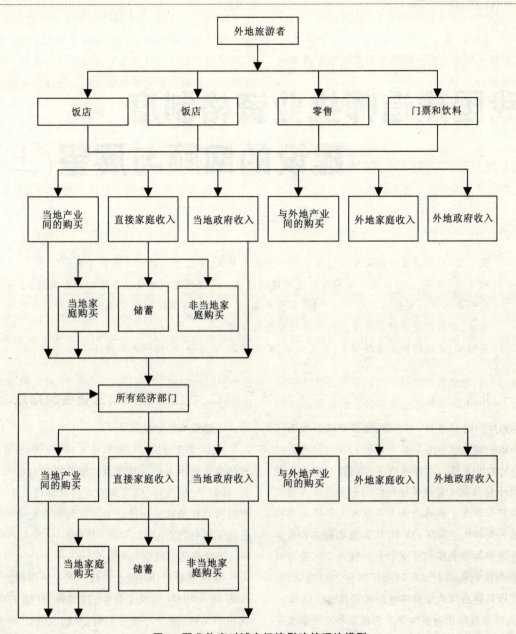

图2 职业体育对城市经济影响的理论模型

会,用以经营奥林匹克遗产,推动本国奥林匹克运动的发展。其中用奥林匹克基金资助奥运会场馆的运营管理是普遍的做法,尤其在奥运会结束后奥运会场馆的初始运营阶段。因为在这一阶段奥运会刚刚结束,奥运会相关投资已经停止,同时奥运会场馆的服务产品尚处于摸索和成长阶段,因此通过奥林匹克基金会对奥运会场馆进行适当的扶助就显得尤为重要。目前尽管北京奥运会组委会市场开发没有完全结束,我们不能得到奥运会市场开发的准确数字,但初步分析北京奥运会组委会的市场开发收入应当不会低于20亿美元。除雅典以外,近几届奥运会的运营支出一般都在17亿美元以下,因此北京奥运会市场开发收入存在一定的盈余空间。为此,笔者建议必须从奥运会市场开发的盈余中拿出一部分资金建立奥林匹克基金会。奥林匹克基金会是一个非营利机构,负责奥林匹克基金的资本运作,通过投资使奥林匹克基金不断升值,并用资本运作的盈利部分来资助奥运会场馆的运营管理。

研究探索

我国建造师执业资格制度建设的回顾与展望(上)

江慧成

摘 要：我国建造师执业资格制度框架体系基本确立，并已进入运行完善和发展的轨道。本文从学习、理解、宣传和建议的角度对我国建造师执业资格制度的建设进行了回顾和展望，重点对制度体系和文件体系进行了比较、解析和总结，对建造师制度需要完善的方面提出自己的看法，对我国建造师制度建设的发展趋势进行展望。

关键词：建造师执业资格制度，制度体系，文件体系，人才评价，信用体系建设

一、引言

2002年12月5日，人事部、建设部联合发布了《关于印发〈建造师执业资格制度暂行规定〉的通知》(人发[2002]111号)，文件明确了："国家对建设工程项目总承包和施工管理关键岗位的专业技术人员实行执业资格制度，纳入全国专业技术人员执业资格制度统一规划"。"人发111号"文的发布标志着建造师执业资格制度在我国正式确立，宣告了为建立我国建造师执业资格制度历时8年探索之路的结束，揭开了我国建造师执业资格发展和完善的新篇章。

我国建造师执业资格制度的建立和发展借鉴了国外的经验，但与国外建造师制度有很大的不同，是对我国建筑业企业项目经理资质管理制度的继承、改革与发展，但与建筑业企业项目经理资质管理制度又有很大的差别。目前，我国建造师执业资格制度体系已初步建成，已步入了全面完善和发展的轨道。因此，有必要对我国建造师执业资格制度建设情况进行回顾，对我国建造师执业资格制度体系建设进行总结，对建造师制度发展趋势进行展望。以期从学习、理解、宣传和建议的角度，对我国建造师制度的完善和发展有所裨益。

二、我国建造师执业资格制度概况

1.建造师的定位

我国建造师的定位是从事工程总承包和施工管理的专业技术人员，总体上讲建造师是以技术为依托，懂经济、懂法律、会管理的复合型管理人才，注册建造师近期的执业岗位仍然是受建筑业企业委托担任施工项目负责人。

2.建造师的级别与专业

我国建造师分一级和二级。其中一级建造师划分为10个专业：建筑工程、公路工程、铁路工程、民航机场工程、港口与航道工程、水利水电工程、市政公用工程、通信与广电工程、矿业工程、机电工程，二级建造师划分为6个专业：建筑工程、公路工程、水利水电工程、市政公用工程、矿业工程和机电工程。

3.建造师的知识结构与能力要求

我国一级建造师执业资格考试要求应试者具有工程或工程经济类大学专科学历以上的教育背景，具有一定的实践经验，并需通过"3+1"的考试：《建设工程经济》、《建设工程法规及相关知识》、《建设工程项目管理》和《专业工程管理与实务》。二级建造师执业资格考试要求应试者具有工程或工程经济类中专

学历以上的教育背景,具有一定的实践经验,并需通过"2+1"的考试:《建设工程施工管理》、《建设工程法规及相关知识》和《专业工程管理与实务》。其中,一、二级符合免考条件的均可免试部分科目。

4.建造师执业资格的获取渠道

人事部、建设部在实行建造师执业资格考试制度之前对符合规定学历、职称、从业年限、业绩和职业道德等条件的从业人员,进行了一次执业资格的考核认定工作,产生了我国第一批建造师。考试实施之后,从业人员必须通过规定的考试才能取得建造师执业资格。

5.过渡期的设立

我国建造师执业资格制度是对建筑业企业项目经理资质管理制度的继承和发展,为了使两种制度实行平稳过渡,建设部根据"国发[2003]5号"文精神于2003年4月23日发布了《关于建筑业企业项目经理资质管理制度向建造师执业资格制度过渡有关问题的通知》(建市[2003]86号),明确了2003年2月27日至2008年2月27日为建筑业企业项目经理资质管理制度向建造师执业资格制度的过渡期,并明确了过渡期内和过渡期满后的相关问题。

6.注册建造师执业

取得一、二级建造师执业资格的人员,按规定经注册后才能以注册建造师的名义执业,且自2008年2月27日起,大、中型施工项目的负责人必须由相应专业的一级或二级注册建造师担任。

7.管理体制

人事部、建设部共同负责国家建造师执业资格制度的实施工作。其中,建设部负责统一编制建造师执业资格考试大纲和命题组织工作,统一规划建造师执业资格的培训的有关工作;人事部负责审定一级建造师执业资格考试科目、考试大纲和考试试题,并会同建设部对考试考务工作进行检查、监督、指导和确定合格标准;建设部或其授权的机构为一级建造师执业资格的注册管理机构。

三、中外建造师制度比较

建造师制度起源于英国,具有很强的代表性。因此,以英国建造师制度为例,比较两种制度的异同,分析产生差异的原因。结合我国国情阐明我国建造师执业资格制度建立的科学性、合理性和可行性。

不管是中国建造师执业资格制度还是外国建造师制度,从根本上来看都是一种人才评价和人才管理制度。简言之,就是通过什么样的手段选拔什么样的人才以及对人才如何进行管理。人才评价主要体现在评价内容和评价手段两个方面,即申请人满足什么样的条件才能成为建造师,通过什么样的方式来确认申请人是否满足该条件。人才管理主要体现在体制方面,在体制上人才的评价、管理、教育等是政府行为还是行业自律性的,管理体制不同将决定管理内容的差异。下面主要从管理体制、评价内容、评价方式等方面进行比较。

1.管理体制

英国对建造师进行管理的政府部门是英国贸易与工业部(简称DTI),但它不直接管理建筑业各类人员执业资格。英国建造师由英国皇家特许建造学会负责,该学会是一个主要由从事建筑工程管理的专业人员组织起来的社会团体,学会根据学会章程对会员进行管理,执业资格设置的有关情况由学会向政府设置的资格管理机构(Qualification Curriculum Authority,简称QCA)报告。

建造师执业资格考试是一种强制性的准入性考试,这项制度由国家人事部、住房和城乡建设部(原建设部)共同设立。

2.评价内容

评价内容是建造师制度建设的基石,是人才评价(选拔)的核心。我国建造师制度建设深入研究了国外的评价体系,主要参考了他们的评价内容,在这方面两者具有很强的共性,这是日后我国建造师与国外建造师互认的基础。

(1)学历及从业年限

在学历与从业年限方面,我国对一级建造师的报考要求与英国建造师的入门要求大体相当。比较如表1。

英国建造师的入门要求是:要具有被认可的建筑工程管理等专业的大学本科及以上学历,最少具有3年的管理实践经验。

(2)知识与能力评价

英国对知识与能力的评价体现为被认可的专业学历教育、满足规定的管理年限、提交有关工作报告并

我国建造师报考学历及从业年限的要求　　表1

级别与要求		取得工程或工程经济类学历				
		大学专科	大学本科	双学士学位	硕士学位	博士学位
一级建造师	参加工作最短时间	6年	4年	3年	2年	
	从事管理工作最短时间	4年	3年	2年	1年	1年
二级建造师		中等专科以上学历，从事管理工作2年以上				

接受面试，面试中应体现出管理的能力和良好的职业道德。我国对知识与能力的评价体现为专业教育学历、满足规定的管理年限、满足考试大纲对知识与能力的进一步要求，并通过政府统一组织的执业资格考试。

(3)信用评价

信用评价是对执业经历的综合评价，是建造师制度建设的重要方面。英国建造师制度至今已有170多年的历史，在170多年的制度建设中取得了较好的信誉。因此，具有资格的人士也就有了较好的信用。我国建造师制度刚刚建立，随着建造师的注册、执业，我国也为建造师提供了信用建设平台。

3.评价方式

英国的评价手段可以概括为"评估+面试"，评估就是根据建造师的教育标准、教育大纲对所受的专业学历教育进行认定，只要取得被认可的专业学历教育证书就可以不用进行专业考试，面试由3名考官以面试的形式测试申请人的管理能力。我国的评价手段可以概括为"确认+笔试"，确认主要是对申请人考试报名资格的认定，需要具有比较宽泛的工程或工程经济类大学专科及以上学历和相应的管理实践年限，笔试就是通过笔答的方式测试应试者应具备的知识和能力，笔试命题的依据是执业资格考试大纲。我国建造师制度与英国建造师制度最大的不同之处，就是评价方式的不同，我国的国情决定了我们相当长的时期内不能采取英国的评价方式。

"学历教育评估"问题。尽管我国教育主管部门和有关专业委员会也对高等学校的专业教育进行评估，实行建筑业企业项目经理资质管理制度也已十几年了，但是我国至今还没有一个可供建造师执业资格参考的教育标准和教育大纲。建造师制度建设的现状是面对庞大的具有项目经理资质的从业人员，这支队伍具有学历普遍偏低，专业教育背景复杂的特点。如果按国外的专业教育标准进行限制，不仅很多具有大专学历的从业人员都不具备报名资格，可能还会有不少更高学历且具有较强实践能力的从业人员也不具备考试报名资格。考虑到这些特点以及我国建造师的水平要求应与国际上其他国家建造师的水平要求大体相当，我国适当降低了学历和专业教育背景的要求，使更多具有实践经验的从业人员具有考试入门的资格，但他们中的一些人员需要通过自身的学习来补充知识，以达到执业资格考试大纲的要求。

"面试"问题。面试确有面试的优势，通过几个考官可以当面测试应试者解决实际问题的能力，但它的前提条件是建造师专业学历教育的评估，没有这个前提就缺少对申请人专业教育的认可依据。由于我们还没有针对建造师的专业学历教育评估，更重要的是我国建造师的报考规模远远大于英国的认可规模，所以"面试"方式目前在我国尚难行通。

从评价的效率、评价的科学性和评价的公平性等方面来看，我们目前的评价模式基本上是科学、合理和可行的。当然，与英国建造师评价体系170年的发展历程相比，我们还有很多值得改进和完善的地方，不仅包括评价手段的改进，同时也包括评价内容的完善。

4.专业划分

英国建造师不分专业，而我国建造师分专业。专业的划分是我国建造师区别与英国建造师的又一显著特点，专业划分在我国建造师评价体系中占有特殊而重要的地位，专业划分问题也是最受关注的问题之一。因此，有必要重新审视一下我国建造师专业划分的必要性、科学性和可行性。

(1)必要性。国内外建造师的定位大体上都是工程项目(或施工项目)管理。尽管形式上看都是管理岗，但它是以专业技术为基础的管理岗，或是具有专业特性的管理岗。英国建造师之所以没分专业，原因有二：第一、要求申请人所取得的学历是被英国皇家特许建造学会认可的专业学历，不是什么学历都能被认可，这从另一个侧面体现了英国建造师的专业性。第二、英国建造师具有完善的管理体制，具有较好的信誉，一般不跨专业执业。我国建造师分专业考试，按专业执业，原因有三：

1)评价方式决定了建造师必须分专业

我国建造师实行的是考试制度,应考人员的专业教育背景复杂多样,鉴于这样的国情我们不可能向英国建造师那样按照执业资格的要求对高等教育学历进行评估。从教育测量学、心理测量学和职业技能测量学的角度来看,分专业进行考试的效度要优于不分专业的考试,因为分专业考试的针对性要强于不分专业的考试。

2)执业信用现状决定了必须按专业执业

专业划分最直接的影响就是分专业考试,按考取的专业执业。英国建造师具有较好的信誉,一般不跨专业执业。在我国,不管是在原来的建筑业企业项目经理资质管理制度下,还是在目前的建造师执业资格制度下,个人执业的信用体系都还不完善。申请人既然按专业进行考试,那么他也应该按考取的专业进行执业。

3)管理体制决定了建造师要划分专业

建设部是国务院的建设行政主管部门,建造师执业资格制度是由建设部、人事部共同设立的。而原交通部、铁道部、水利部、原信息产业部、原国家民航总局等国务院有关部委也履行全国行业建设行政监督、管理的职能,由于工程建设有其专业性,目前的管理体制也决定了建造师要分专业考试,按专业执业。

(2)科学性。从科学性角度来看,建造师专业的划分应以专业特性为主要依据。专业划分越细,执业面越窄,而考试的针对性却越强,专业划分越粗,执业面越宽,而考试的针对性却会相对降低,命题的难度会相对加大。从目前的专业划分来看,我国建造师的专业划分还不是非常科学。如:从施工技术和施工过程来看,市政公用工程专业就少有自己专业共有的专业特色,与公路工程、铁路工程等专业截然不同。这样的划分受到了管理体制和企业资质的影响,在专业划分方面还有待进一步完善。从专业特性以及长远来看,普遍认为建造师分三个专业比较科学。一个是建筑工程专业,一个是土木工程为主的土木工程专业,再一个就是以工业工程为主(含机电设备安装)的机电工程专业。从广义上来说,房屋建筑工程专业也属土木工程专业,但由于它与人们的生活、居住关系最密切,同时又具有量大面广的特点,所以一般将房屋建筑工程与其他土木工程区别对待。

(3)可行性。专业划分有利于考试命题,可以提高考试的效度;专业划分有利于和建筑业企业资质管理制度相衔接;专业划分适应了目前管理体制的需要;专业划分从另一个方面延长了建造师执业资格制度的过渡期,有利于建造师执业资格制度的平稳过渡。从总体上看,我国建造师的专业划分是可行的。

四、建造师执业资格制度与项目经理资质审批制度

我国建造师执业资格制度是对建筑业企业项目经理资质管理制度的继承、完善、提高和发展,但与建筑业企业项目经理资质管理制度又有着本质的差别。因此,有必要对我国建造师执业资格制度概况进行介绍,对我国建造师执业资格制度与国外建造师制度的异同以及我国建造师制度与项目经理资质管理制度的差异进行简要辨析,对我国建造师执业资格制度体系建设进行解读,对建造师制度建设重要文件的科学性、可行性进行解析,对制度的建立和创新进行总结,对建造师制度发展趋势进行展望。

施工项目经理是施工项目管理中的一个岗位,施工项目经理资质审批是对是否具备担任施工项目经理条件的行政审批,并向通过审批的人员颁发相应级别的施工项目经理资质证书,取得施工项目经理资质证书的不一定都担任施工项目经理。"国发[2003]5号"规定:"取消建筑施工企业项目经理资质核准,由注册建造师代替,并设立过渡期",取消的是项目经理资质审批制度,注册建造师制度代替的也是项目经理资质审批制度,取消和代替的不是项目经理这个岗位。

在实行项目经理资质管理(审批)制度之前,我国对施工项目经理岗位的资质没有具体的要求,不论是学历方面,还是知识方面。为了提高施工项目经理的水平,规范职业行为,进一步提高施工项目的管理水平,我国实行了项目经理资质管理(审批)制度。该制度规定,承担施工项目经理必须具有相应级别的施工项目经理资质。项目经理在考核定级前须接受288学时的项目管理理论知识的培训,即《施工项目管理概论》、《工程招标投标与合同管理》、《施工组织设计与进度管理》、《施工项目质量与安全管理》、《施工项目成本管理》、《计算机辅助施工项目管理》、《施工项目技术知识》。这项制度实施十几年来,对提高施工项目经理的管理水平,起到

了积极作用。到指定点进行培训并由培训点发放培训合格证,据此作为审批的条件之一,这样的审批模式已经不符合国家发展大环境的要求了。同时,随着我国加入WTO和社会发展对施工项目经理岗位知识与能力要求的进一步提高,以建造师执业资格制度代替项目经理资质审批制度已成必然。建造师执业资格制度是对项目经理资质管理制度的继承和发展。

1.队伍的继承

建造师执业资格制度建设的现状和背景是具有施工项目经理资质的庞大队伍。在建造师执业资格制度建立之初,通过考核认定、免考部分科目、临时建造师制度等措施,部分原一、二级项目经理资质证书持证人员取得了一、二级建造师执业资格证书或临时一、二级建造师执业证书,再加上完全通过考试取得建造师执业资格证书的原一、二级项目经理资质证书持证人员,他们构成了目前注册建造师队伍的基础。

2.与建筑业企业资质的关系

项目经理资质审批制度下,施工项目经理资质证书持证人员的级别、数量是建筑业企业资质审批的必要条件。建造师执业资格制度下,注册建造师的级别、数量仍然是建筑业企业资质审批的必要条件。

3.定位的继承与发展

施工项目经理岗位是企业内部的一个岗位,但是这个岗位与工程建设质量、安全直接相关,不仅关系到企业利益,更直接关系到公共安全和公共利益,国家有必要对这个岗位上的从业人员提出更高要求。实行建造师执业资格制度取消项目经理资质审批制度,不是取消施工项目经理而是对施工项目经理岗位责任与权利的加强,是对施工项目经理岗位从业人员知识与能力要求的进一步提高。定位的继承体现在,注册建造师目前的主执业岗位仍然是施工项目负责人,岗位性质是一个以技术、法规、经济为基础的综合管理岗。定位的发展体现在注册建造师执业不限于建筑业企业、不限于施工项目负责人岗位。定位的差别还体现在国家要求大、中型施工项目的负责人必须由注册建造师担任,而小型项目负责人的任职条件由省级建设主管部门根据各地实际情况自行确定。

4.管理体系的继承与发展

建造师执业资格制度与项目经理资质管理制度的区别不仅体现在人才评价方面,更重要地是体现在制度建设方面。在建筑业项目经理资质制度建设方面,仅有一个原建设部于1995年1月6日发布的《关于印发〈建筑施工企业项目经理资质管理办法〉的通知》(建建字[1995]1号)文件作为依据,操作性和系统性较差。建造师执业资格制度体系对项目经理资质管理制度的继承主要体现在注册建造师的执业定位及施工管理签章文件的确定上。

5.专业学历教育要求

项目经理资质审批制度没有对申请人的专业学历教育提出要求,更不可能对申请人的专业学历进行评估。这种条件下具有项目经理资质的从业人员在总体上与国外建造师就不在一个可以互认的平台上。我国实行建造师执业资格制度,将一级建造师执业资格考试申请人所受的专业学历教育提升为取得工程或工程经济类大学专科学历,提高对申请人所受技术教育的要求,有助于提高整个队伍的技术水平和管理水平,有助于与国外同类从业人员的整体互认。在工程规模逐渐增大,工程技术含量日渐提高的今天,提高对施工项目经理岗位技术水平的要求是符合发展需要的。

6.教育大纲或考试大纲

项目经理资质审批制度下,尽管有一些统一的培训教材,但还缺乏科学、系统的教育大纲或考试大纲。国外建造师不用考试,但他们有科学、系统的执业教育大纲,可据此对申请人所受的高等专业学历教育进行评估和认可。我国实行建造师执业资格制度,发布了覆盖所有专业的《建造师执业资格考试大纲》和《注册建造师继续教育大纲》。《建造师执业资格考试大纲》的颁布标志着我国建造师有了自己的执业资格标准,有了与国外建造师进行整体互认的依据。

7.信用体系建设

受技术手段和管理手段的影响,在项目经理资质审批制度实施的十几年里没有为从业人员搭建起信用平台,个人执业信用体系建设难以有效实施。究其原因,社会对个人有关行为信息的掌握与从业人员自己对本身行为信息的掌握不对称。建造师执业资格制度的实施为个人执业信息、执业档案的建立和公开提供了统一平台,借助社会、市场的力量促进个人执业信用体系的建设。

研究探索

适应《劳动合同法》：
成于 转型 毁于 规避
——企业如何面对劳动合同法

常 凯

(中国人民大学劳动关系研究所，北京 100081)

企业应该如何面对新《劳动合同法》？一个流行的说法是如何"应对"或"规避"。笔者认为，法律是无法"应对"或"规避"的，法律只能是执行。应对和规避法律，只会加剧企业的风险。现实的问题是，我们相当的企业对于《劳动合同法》不适应，对此应该如何处理？笔者建议，我们无法改变法律，我们只能改变自己。积极的做法是，为适应《劳动合同法》，企业需要实施转型，即要从以往的以低劳动成本为基本竞争手段的企业发展模式，转型为以构建企业和谐劳动关系，提高企业创新能力为基本竞争手段的发展模式。

应对法律将会产生法律风险

我国某民营通信企业准备用10亿元买断7 000名员工的工龄，让他们先离职再上岗的做法，在社会上引起了很大的争议和讨论。因为事件发生在《劳动合同法》实施之前，所以讨论也就更有着重要的意义。尽管该企业声称自己并不是规避《劳动合同法》，而仅仅是一次人力资源的正常调整。但是，社会还是认为此举有规避《劳动合同法》之嫌。笔者觉得，社会上有各种猜测和评价，都是正常的。该企业此举的真正动机我们外人无从知晓，但可以肯定的是，这一做法，既无法规避《劳动合同法》，还会面临很大的风险：

第一，社会上普遍认为它在规避法律，这给企业的形象和声誉带来了负面影响。

第二，削减了企业的凝聚力。该企业说员工是"自愿离职"，是不是"自愿"，这恐怕有疑问。7 000多人能都是"自愿"的？可能会有自愿的，一拿到钱又能上岗的那部分员工，他们可能支持企业的这一做法。但能够保证7 000人都上岗吗？不能再上岗的，又如何保证他们是"自愿"的？那些不是自愿离职的人，他们的权利如何保障？如果企业用各种压力迫使工人不得不"自愿"，那么，企业将会承担"以欺诈、胁迫的手段或者乘人之危，使对方在违背真实意思的情况下订立或者变更劳动合同"的法律风险。而且，这样的举动削减了员工对公司的忠诚度，也削减了企业的凝聚力。

第三，如果该企业拿出10亿元资金来解决这一个问题。这是不是值得？在遵守法律的前提下，还有没有比"先辞职再聘用"更好的处理办法？肯定是有的。比如，可以采取定岗、定职、定责、定薪的方式，把以前按身份管理转变为按岗位管理，这个方式就很好地实现人员调整的目的。因此，如果我是这家企业的老板，即使我能拿提出这么多钱，我也不会这样做，不值得。

现在，有相当一部分企业一谈《劳动合同法》就问怎么应对、怎么规避？这样的做法显然是不正确的。对一部已经获准颁布的法律来说，不管你喜欢也好，不喜欢也罢，你只能执行。当然，你可以对法律进行评论，说它哪里好，指出它哪里有不足，需要修订，但你不能认为它不好就觉得可以规避、可以应对，法律是不能应对的，只能执行。

从这个意义上讲，无论是否真的要规避《劳动合同法》，前面提到的这种做法很不值得提倡。

研究探索

连续工龄要依法计算

《劳动合同法》规定,"劳动者在该用人单位连续工作满十年的,应当订立无固定期限劳动合同"。前面提到的例子中,这次面临"先离职后上岗"的,都是八年以上的老职工,因此很容易让人想到是在规避《劳动合同法》。

是不是"先离职后上岗"工龄就中断,就得从头计算工龄了呢?不是。《劳动合同法》规定,连续工作满十年,实际上是指在劳动关系在这个企业的存续期间为十年。离职并不是一个法律概念,只是内部的调整。真正中断劳动关系,是已经结算了工资、转办了社保关系、办了失业证、下岗证等等,这样工龄才可以不再连续计算。

还有,企业暂时中断了员工的合同,中间隔个十天八天的,然后再聘用、再签合同,这种情况将来也很难达到目的。目前,国家的立法机关和相关的劳动行政部门正在制订《劳动合同法》的法律解释和实施细则,年底之前就会颁布,对于哪些是有意规避法律的行为,有关条文肯定会做出规定。

所以,工龄如何计算并不是企业自己就能决定的,法律条文将来会做出规定,短期的、有意为了规避法律而采取的行为将来恐怕很难有好的效果。像那种让员工先辞职马上又上岗,或者中间象征性地隔一两个星期再上岗的,属于有意规避法律的行为,这是无效的。这种情况发生之后,工龄还是要连续计算的。

适度提高劳动力成本是我国经济发展的需要

《劳动合同法》的基本主旨是保护劳动者的权利,具体说来,就是通过这部法律,在劳动合同制度层面保障劳动者就业的稳定、职业的安定,它首先考虑的是劳动者的权益。现在劳动力流动非常大,劳动者心理非常不安。这种状况对劳动者当然是不利的,所以,《劳动合同法》对企业用工和合同的签订作了严格的规定,因此企业会有压力是可以理解的。

具体而言,企业的压力表现在什么地方?首先是这部法律的实施会不会加大企业的劳动力成本。

劳动力成本高了将影响企业的竞争力,不能自主用人则很难发挥企业的优势。企业有担心是可以理解的,但是这个问题要全面来看,我们现在的成本是不是合适?如果说合适,《劳动合同法》增加了成本,企业难以负担,这自然是很不公正的。但是,假如我们原来的劳动力成本很低,没有达到适度的成本或者公平的成本,那《劳动合同法》就是维护公平,就是一部善法、好法了。现实情况,并不是我们的劳动力成本过高了,而是我们的劳动力成本过低,20多年来企业以低劳动成本为基本竞争手段的现状必须改变。

要改变的原因,首先是劳动者不满意,现在各地不断发生劳动争议、劳资冲突,有些问题最后甚至酿成了突发性事件。而问题的起因,很多和劳动者在经济发展当中没有获得相应的回报或者自己本来标准就不高的权利还受到侵害有直接关系,这些甚至直接影响到国家和社会的稳定,影响到整个国家的竞争力,所以要适度提高劳动力成本。

第二,提高成本对于企业来说虽然确实是增加了负担,但是也能够提高企业的竞争力。劳动力成本不是压得越低越好,适度成本才是企业的正确选择。成本不能单算,必须和产出结合起来算。低成本、低产出,如果适当提高成本,稳定了劳动关系,调动了劳动者的积极性,企业的产出会更高。

第三,不仅仅国内劳动者已经不接受这种状况,低劳动力成本使得我们在国际贸易中面临着频繁的反倾销。本来,我们出口的产品附加值就低,用商务部长的话来说是几亿件衬衣换一架飞机,还面临着反倾销,而且这么多起反倾销案件我们几乎都败诉,好不容易占领的市场又丢了,这对企业的影响很大。

加入WTO我们不是关起门来做生意,而是打开门来做生意。低劳动力成本,劳动力成本低到几乎可以忽略不计,以低于产品成本的价格去竞争,这在国际上不是通行的做法,此诉讼哪能不输?

最近,国际上还说我们国家的产品质量有问题,导致很多产品被召回。国际上一些经销商打的招牌变成了"非中国制造",这对我们的威胁很大。这种势头如果得不到遏制,将来我们国家靠什么去竞争?道理很简单,低劳动成本绝不可能有高素质的劳动者,而没有高素质的劳动者则不可能有竞争力。凡是有竞争力的企业、有竞争力的国家,劳动力成本基本都是比较高的。所以,劳动力成本的提高是改变不了的发展趋势。

研究探索

建立正常的市场竞争机制就要淘汰违法企业

严格执行《劳动合同法》，小企业的成本将大幅度提高？这也是一种误解。成本肯定会提高，但提高多少这是另一个问题。这次的《劳动合同法》并没有大幅度提高劳动力工资标准，只是要求达到劳动法律所规定的劳工最低标准。现实情况是一些小企业、一些非公企业连劳工最低标准都达不到，因此，这次提高标准仅仅是一种法律责任，在这点上必须严格执行，没有什么可争论的。当然，也可能会有一些企业在《劳动合同法》颁布实施之后经营困难，但不能经营困难就可以非法经营。一批企业被淘汰是正常现象，企业不可能都活着，健康的、规范的企业我们让它留下来，不规范的违法企业根本没有存在的必要。市场要规范，要有规则。只有淘汰了违法企业，规范的企业才能正常发展。否则，就是不公正竞争。

而且，我们并不是一下子就提得很高，是逐步提高。现在提高得非常有限，如果很多企业就恐慌了，我觉得这是非常不必要的。因为适度提高劳动力成本对企业是必要的、是必须的，是提高劳动力素质的途径。

大家看新闻可能已经知道，麦当劳从今年9月份开始给中国员工涨工资，不是涨一点，而是大幅度提高，根据岗位不同从12%到56%，平均是30%。为什么这么做？它不怕增加成本吗？还是为了增加成本而增加成本？绝对不是。肯定有一种战略思考。有媒体问我对麦当劳提薪有什么评价？我说有两点：第一是应该提，因为它十几年没提工资了；第二点，对企业竞争发展来说，这是一个非常明智的选择。最起码，提薪以后在同行业竞争当中麦当劳就占据了非常主动的位置。麦当劳提薪以后谁最着急？竞争对手最着急。谁是它的竞争对手？肯德基。肯德基要琢磨一下，麦当劳这么做了，我下一步怎么办？相互促进，这才是正常竞争。

无固定期限劳动合同是为了建立持续稳定的劳动关系

企业的第二个压力在于无固定期限合同的规定。许多企业要想办法规避它。其实，这也是对《劳动合同法》存在误解。

无固定期限劳动合同不是中国的创造，市场经济国家基本都是以无固定期限合同作为合同的基本形式。无固定期限合同对于企业是一种压力，不像过去一年一签，不要你终止合同就完了。表面上看，一年一签对于企业似乎是一个好事，但是它的副作用我们是不是忽略了？企业短期化，员工也短期化，员工不知道自己明年还在不在这儿，因此也就不可能培养出员工对企业的忠诚度，也就谈不上钻研业务、提高竞争力了。你不想要我，我还想找更好的去处呢！合同一年一签就形不成劳资之间的互相信任，形成不了劳资合作的局面。都短期化，和谐劳动关系怎么建立？

有人说，固定期限合同就是"铁饭碗"！这完全是一种误解。无固定期限合同就是劳动合同主体双方没有约定合同终止期限的合同，其他的地方和固定期限合同一样，没有任何特殊的待遇。如果遇到法律规定的劳动合同可以解除的条件，或者遇到可以裁员的情况，仍然和固定期限合同一样需要解除就得解除，需要裁员就得裁员，不是说签了无固定期限合同就是终身制了，企业就得养着了。而且，《劳动合同法》为了引导企业签订无固定期限劳动合同，还规定固定期限合同的终止有补偿，无固定期限合同终止之后没有补偿。不用补偿，于企业来说还能降低成本。所以说，从长期看，无论是对员工还是对企业，无固定期限劳动合同都是有利的。

企业不理解"无固定期限劳动合同"，在相当程度上是没有理解《劳动合同法》"促进企业和员工共同发展"的立法目的。需要指出的是，无固定期限劳动合同在国外相当普遍，只是我们签短期合同签惯了。

前不久，笔者问上海西门子电器有限公司张亚平副总裁，你们实施新的《劳动合同法》之后怎么做？对方告诉我，他们去年4月份就全员转为签订无固定期限劳动合同——那时候《劳动合同法》还处在讨论阶段呢！我一听很惊讶，就问为什么要这样做？张总说，西门子在德国都是签无固定期限劳动合同的，到了中国以后，发现大多数中国企业是一年一签，他们这才入乡随俗。多年的实践使他们觉得无固定期限合同对于企业的长期竞争力是有好处的，而且他们知道《劳动合同法》会要求和鼓励签订无固定期限合同的，于是就事先占领制高点。

有人说，签订无固定期限合同，老员工多了，这会影响企业的创新。我觉得，老员工多了和企业创新之间并不存在绝对的逻辑关系，很多企业把老员工当作自己的财富，这里面的关键是你怎样调动他的积极性，怎样加强管理，怎样采用更加有效的激励办法。把老员工刷下去换上新员工就能够创新？有这样一个逻辑关系吗？不应该有。以日本的情况为例看一看，日本经济发展很重要的一点就是终身雇佣，虽然这个政策现在已经开始改变，但是理念没有被废弃——一个企业一定要留住员工，争取让员工在一个企业里面干上一辈子，员工序列工资的差异甚至比职务上的差异还大一些，工龄越长，待遇越高；待遇越高，你越喜欢这个企业，就越要干好。西方企业，特别是日本企业经常提到员工要忠于企业，现在国内的企业能对员工提出这个要求吗？合同一年一签，明年还不知道会不会在这儿，员工怎么忠于企业？要求员工忠于企业，员工也会对企业有一个预期：我终身为这个企业服务，企业是否会照顾我的利益？

提高企业的违法成本是《劳动合同法》的一大特点

《劳动合同法》第14条规定："用人单位自用工之日起满一年不与劳动者订立书面劳动合同的，视为用人单位与劳动者已订立无固定期限劳动合同"。第82条规定"用人单位自用工之日起超过一个月不满一年未与劳动者订立书面劳动合同的，应当向劳动者每月支付二倍的工资。用人单位违反本法规定不与劳动者订立无固定期限劳动合同的，自应当订立无固定期限劳动合同之日起向劳动者每月支付二倍的工资"。

有企业的朋友就问我，为什么要支付两倍工资？这个问题很好解决，你跟他把劳动合同签了就完了。你守法成本就低，你违法成本就高。干嘛让人干了一年活儿却没跟人家签劳动合同？法律做出这样的规定就是促使你守法，该签合同就得签合同。过去不少法律，违反了就违反了，不执法的话也不会受到什么惩处，这样一来，守法的就吃亏。《劳动合同法》里非常有意思、非常有意义的一点，就在于它可以促进法律的执行，而且特别把促进守法的动力放在企业主而不是劳动者身上。假如我是劳动者的话，企业主你爱签不签，一年以后我找你，你就得跟我签无固定期限劳动合同，还得给我两倍工资。

于是，有企业主担心《劳动合同法》实施之后，员工可能会拿着它来找麻烦。这个理解是对的，企业的压力在这儿。将来企业面对的是一批法律意识和权利意识越来越强的员工。劳动者将是促进《劳动合同法》实施的促进力量。实际上，为了降低成本，守法是最好的办法，违规避成本越高。从而激励企业主执行《劳动合同法》。

《劳动合同法》旨在促进企业和员工共同发展

《劳动合同法》在起草过程当中一直存在着争论。这很正常，在立法过程中，各方都有针对法律草案提出自己意见的权利，立法的过程就是平衡各方不同意见的过程，某种意义上也是一个博弈的过程。

争论的焦点主要有三个方面：首先是，在劳动关系法律调整过程当中，重点是保护劳动者还是保护企业？是保护单方还是保护双方？第二，劳动标准是高了还是低了？第三，政府介入是多了还是少了？

这三个问题，最终的《劳动合同法》都做出了比较明确的回答。第一个问题，《劳动合同法》是保护劳动者的，而不是双方同时保护。这是因为，劳动关系是一个双方形式上平等而实际上并不平等的关系，劳动者是弱势。现实生活中，强资本、弱劳工的问题越来越突出，由此引发很多社会的问题。法律的作用就是扶持弱势达到双方权利的平衡。

但《劳动合同法》也不是仅仅停留在保护劳动者的层面，而是在保护劳动者的基础上构建企业和谐的劳动关系，促进企业和员工共同发展，这是立法的目的。因此，《劳动合同法》不是为了保护劳动者而保护劳动者，也不是要抑制企业的发展。其实，这个问题只要稍微想想就能明白，一个国家的立法怎么会抑制国家的企业，使得企业都不发展呢？如果真是这样，那国家将来怎么去竞争？只是企业应该怎么样发展，是短期急功近利、竭泽而渔，还是长期、持续地提高内在竞争力的发展？

第二个问题，客观地说，我们过去的劳动标准是低的，在整个经济发展过程当中劳动者并没有分享到经济发展所带来的、本应该享有的成果。这次通过《劳动合同法》能够使得劳动者分享到一定的成果，但这次并没有大幅度提高劳动标准，仅仅是在程序上更严格一些。

第三，有人说对企业的监管，《劳动合同法》规定得太多太严格了，应该让市场去决定，国家少干预。这个说法是站不住脚的，劳动力市场不像别的市场，靠自发不行，要有公权力介入，公权力介入最主要的就是加强法制，而这恰恰是中国在改革过程当中薄弱的一环。比如，我们的企业在产权方面越来越规范了，但在劳动力问题上却存在很多缺陷，这些缺陷已经影响到整个经济的发展。因此，政府监管非常重要。

政府监管靠什么？靠法律规定。这次相关的规定就比较严格了，企业要承担责任，这次《劳动合同法》的法律责任中有14条涉及企业，很多企业觉得接受不了，什么原因？是因为过去我们的劳动法规太宽松了，几乎是没有任何约束，企业想怎么着就怎么着，老板想怎么办就怎么办。这种在发达国家是不可能的。德国制订的劳动方面的法规比我们严格多了，对企业的管制比我们严格多了，按照国内企业主的说法，德国的企业岂不是完全不发展了？恰恰相反，这种情况下企业更有发展，德国制造是世界上质量最好的。所以说，并不是国家管得越少企业就越有竞争力。

企业要适应《劳动合同法》就必须转型

对企业来说，《劳动合同法》的颁布实施应该是一个严峻的挑战，还会带来不小的压力。怎样化解压力？既然规避法律成本更高，正确的选择就是改变自己。用最简单的话说，企业必须转型，这是非常重要的。大法律环境变了，我们过去那种经营方式、管理方式已经不适应了，我们必须去适应法律，我们改变不了法律，我们只能改变自己，而且我们也需要改变自己。

怎么转型？企业的发展模式要转型，要从过去以低劳动力成本为基本竞争手段的发展模式转变为以构建企业和谐劳动关系、提高企业创新能力为基本竞争手段的发展模式。低劳动成本在一定时期内是可以用的，但如果作为一种长期的战略选择恐怕是不合适的。不光对一个企业来说是这样，对于一个国家来说也是这样。我一直认为，《劳动合同法》颁布之后企业将有新的发展趋向，整个市场恐怕也面临着洗牌，谁能适应谁就能有发展、就有竞争力。

人力资源管理也要转型，过去，人力资源管理在相当程度上就是对企业老板负责，老板让你怎么做就怎么做；今后，人力资源管理应该把劳动关系的调整、员工关系的调整作为自己最基本的任务，把员工当作企业发展的动力。还有，很多企业精简了人力资源管理部门，精简的目的就是想降低成本，人力资源管理部门人越少越好，干的活儿越多越好。这样做，你是一个小老板时是可以的，但如果是一个大型企业，是一个发展型企业，那就行不通。

更为关键的是，国内不少企业缺乏劳动关系战略，基本上只是单个的、技术性的管理。人力资源管理实际是连接企业和员工的桥梁，要使双方结合到一起，形成合力。现在却形成一个悖论：人力资源管理越来越发达，劳资冲突越来越严重。这个悖论的存在证明我们在人力资源管理方面有许多该做的事却没做到，证明人力资源管理面临着很迫切的转型。

笔者一直主张，人力资源管理应该以劳动法律作为依据开展工作，人力资源管理应该法制化，这在当前是最直接的、最现实的问题，比如招聘后必须按照法律去跟劳动者签订合法的劳动合同，而且一个月内必须签完，不签完就必须付两倍工资。比如，解雇必须有条件，要向劳动者说明情况。再比如，遇到符合签订无固定期限情况的时候，要签订无固定期限合同。

要做到这些，我们需要有一个严密的企业管理制度。企业主现在为什么会有压力？就是我们的管理制度不严格，招聘、考核包括薪酬制定的随意性很大，现在一遇到问题就不知道如何解决，就像不少企业主的担心：签了无固定期限合同以后员工没有积极性了怎么办？为什么国际大品牌的公司实行无固定期限劳动合同后，他们的员工依旧有积极性？如果你的企业发生这种情况，只能说明你的管理不到位，你调动不起员工的积极性。因此，你要加强企业的管理，改变现在的管理模式、管理理念、管理内容、管理绩效考核的标准。这一点，对于人力资源管理既是挑战但也是机遇——如果我们能适应，如果我们能改变，那我们整个的管理水平就会得到提升。

研究探索

新《劳动合同法》对建筑业的影响

◆ 蔡金水

(北京市东城区政协,北京 100007)

2008年1月1日起正式施行的《中华人民共和国劳动合同法》是一部非常重要的法律,它牵涉到我们每个人和每个企业的切身利益。一段时间以来,学习、宣传、贯彻《劳动合同法》成为国人关注的大事和各地区各行业工作重点之一。探讨新劳动合同法对全社会以及各行各业的影响,使之更好地落实,避免可能产生的副作用,是今年我国经济界的一个重要课题。新劳动合同法对企业来说,影响之大、前所未有。对于劳动密集、用工量大、队伍流动、事故高发的建筑企业,更是如此。建筑企业由于用工形式的特殊性和多样性,应该深入研讨,所以本文谨就新劳动合同法对建筑业的影响作粗浅的探讨。

建筑业是国民经济的重要物质生产部门,它与整个国家经济的发展、人民生活的改善有着密切的关系。中国正处于从低收入国家向中等收入国家发展的过渡阶段,建筑业的增长速度很快,对国民经济增长的贡献也很大。1980年4月2日,邓小平同志关于建筑业和住宅问题的讲话就指出:从多数资本主义国家看,建筑业是国民经济的三大支柱之一……在长期规划中,必须把建筑业放在重要的地位。建筑业发展起来,就可以解决大量人口就业问题,就可以多盖房,更好地满足城乡人民的需要。这既是对建筑业取得成就的肯定,也给建筑业指明了发展方向。

1978年以来,我国建筑市场规模不断扩大,国内建筑业产值增长了20多倍,建筑业增加值占国内生产总值的比重从3.8%增加到了7.0%,成为拉动国民经济快速增长的重要力量。2007年,全国建筑业企业59 256个(不包括劳务分包企业)。建筑企业房屋建筑施工面积47.33亿 m^2,新开工房屋面积25.71亿 m^2。建筑业企业完成竣工产值30 845亿元,房屋建筑竣工面积18.6亿 m^2,建筑业企业按建筑业总产值计算的劳动生产率为137 041元/人,实现利润总额1 470亿元,上缴税金总额1 661亿元。到2010年,建筑业总产值(营业额)预计将超过90 000亿元,年均增长7%,建筑业增加值将达到15 000亿元以上,年均增长8%。建筑业还是一个劳动密集型的传统产业。1952年,全国建筑业从业人数只有100万人。当前,我国建筑业从业人员已有3 893万,其中农民工2 797万,占71%;工程管理人员和行政管理人员各约占10%左右。是解决我国农村富余劳动力的主要出路之一。所以,无论从哪方面说,建筑业都是我国国民经济中举足轻重的行业。

进入21世纪以来,我国进入全面建设小康社会时期。小康的重要标志就是人民生活水平有大幅度提高,城市化建设逐步走向现代化。今后20年,我国城市化将保持每年增加一个百分点的水平,预计2015年我国的城市化水平将达到45%左右,将新建城市230个左右,新增建制镇5 000个左右,城镇人口将达到6.3亿左右。随着城市化进程的加快和人们生活水平的提高,城镇居民住房、工作环境改善,城市交通设施建设完善等等为建筑业的发展带来了巨大的市场,极大地促进了建筑行业的发展。保持建筑业的平稳健康发展,是国民经济的重要一环。

从人力资源开发角度看,目前我国建筑队伍的资源开发潜力还很大。比如,这支队伍人才结构还不尽合理,其中高科技人才和高级技工偏少,文化程度、技术素质相对较低的人员占的比例较大,尤其是施工现场劳务作业人员。建筑企业要实现经济增长方式从劳动密集型向智力密集型过渡,还必须提升人才素质,改变陈旧的人才选择机制和使用机制。大力提高建筑企业员工的文化素质和学历水平,积极探索稳定人才的任职制度和分配制度,在分配制度和工资待遇上有重大突破。

由于我国建筑施工企业在薪酬上对于人才的吸引力不强,导致中青年技术人才纷纷流失,大中专毕业生不愿到建筑施工企业工作,造成了技术工人队伍出现年龄断层。而作为建筑施工企业有生力量的农民外协工,又普遍存在着文化程度低、缺乏有效的职业培训、流动秩序混乱等问题。随着中国建筑业的发展,大部分由农村富余劳动力构成的外协工队伍,其深层次的结构性问题目前已渐渐"浮出水面",且日益突出。主要有以下几点:

——**文化程度低**。由于种种原因,在农村富余劳动力中,文盲、半文盲和小学文化程度的占到了44%,初中以上的占56%,其中高中以上的占11%,大专以上的占0.4%。也就是说,有88.6%的农村富余劳动力的文化程度是在初中以下。

——**技术工人和熟练工人所占比例较低**。在我国城镇企业现有职工中,技术工人只占一半。在技术工人中,初级工所占比例高达60%,中级工比例为36.5%,高级工只占其中的3.5%。

——**缺乏有效组织,流动秩序混乱**。在我国建筑施工企业所雇用的外协工中,基本的组织形式是由一个甚至是多个包工头进行劳动力组织,但他们之间的关系多为亲缘关系、地缘关系,而且仅仅是为劳动力提供一个就业的机会,而缺少对劳动力的有效组织,也不能保障劳动力的合法权益。这就造成了在其他企业工资更高的吸引下,一定数量的劳动力不辞而别的现象经常发生,劳动力组织松散凌乱,不能保证长期的稳定。所以,外协工的培训渠道不畅和素质技能不高,是中国建筑业在劳动力方面所面临的主要问题。中国要成为世界建筑强国,建筑施工行业中的外协工必然要成为"新兴产业工人阶层"的一部分,而不是只掌握简单技能的"农民工"。这需要由国家制定出一系列的法规和政策,地方政府和行业、企业相互配合,发挥各自力量,才能使劳动力市场有

序、健康地运行起来。

从2008年1月1日起,新《劳动合同法》正式实施,应该说就为建筑业劳动力市场有序、健康地运行创造了条件。对建筑业将产生重大影响。

新《劳动合同法》在尊重用人单位用工自主权的基础上,进一步加大了对劳动者利益的保护力度,如不签劳动合同,就要支付双倍工资;签订两次固定期限劳动合同后就应当签订无固定期限劳动合同。同时,劳动合同法特别规定工会代表工人,与经营者通过集体协商签订集体合同,维护工人的合法权益。现在《劳动合同法》对劳动合同的订立、履行、变更和解除、终止以及相应的法律责任做出了更为明确、具体的规定,操作性更强,这将对提高劳动合同签订率起到积极促进作用。劳动合同作为劳动者与用人单位确立劳动关系、明确双方权利和义务的协议,对于保护劳动者和用人单位双方的利益,明确双方的权利、义务关系都有十分重要的意义,特别是在处理有关劳动争议案件的时候起着基础性作用。相信劳动合同法的实施,将有力地改善"强资本、弱劳工"的状况,带来"劳动者的春天"。

改革开放以来,我国经济飞速发展,成了"世界工厂"。但是,却是以牺牲了资源环境,压低了职工特别是1亿多农民工的工资水平、劳动条件,很多企业甚至成了"血汗工厂"为代价的。一些企业随意辞退员工,根本不签订劳动合同,工资压得很低,而且没有劳动保障。这种状况加剧了社会矛盾,损坏了国家的形象,也不利于企业人员稳定、留住人才、长期发展,是不可能持续下去的。因此,新《劳动合同法》对于维护职工的合法权益做出了一些新规定,扩大了劳动者权利保护范围和补偿力度,在尊重用人单位用工自主权的基础上,更加突出"扶弱抑强"的立法宗旨,设计了许多新制度,规定用人单位必须与劳动者订立劳动合同,并全面履行劳动合同,在解除和终止劳动合同时必须依法支付经济补偿,有效地保护劳动者的合法权益。意在通过倾斜立法纠正失衡的社会关系,使劳资关系保持相对平衡。

从2008年1月1日起,新《劳动合同法》正式实施后,大多数企业能认真贯彻执行,面对新《劳动合

同法》做出的新规定,大部分企业选择了积极去适应,劳动合同签订率大幅上升。尽管有些小企业从用工成本角度考虑,产生这样那样的担忧,但对新法的出台能促进或"逼迫"企业走向规范管理、提高竞争力这一点上还是能达到共识,懂得劳资关系和谐也是企业自身的需要。超过60%的企业选择延长合同期限。企业减少单方毁约也成为趋势。对于新法中规定的"合同期满,公司不续签,需进行经济补偿",直接导致企业辞退员工的成本大大增加,各个行业的企业普遍选择将减少单方面解除合同的数量。近年来,建筑业等农民工集中且流动性很强的行业吸纳了大量劳动力,在劳动合同关系方面需要不断完善。对此,自《劳动合同法》颁布以来,我国建筑行业积极响应,利用多种资源和手段,全方位多层面展开宣传,广泛掀起学法热潮,并认真对照新标准、新条文,预先整改,力求规范,在接轨新法上取得初步成效。劳动和社会保障部已公布了建筑业劳动合同(示范文本),要求建筑企业必须参照执行,对今后建筑业劳动合同的签订也进行了规范。

但是,有些企业,包括一些建筑公司也出现了一些异常现象。在企业主和劳动者中引发了持续的震荡。有些用人单位表现得相当敏感,纷纷忙着应对,有的企业突击裁员或改签合同,有的放缓招聘员工的步伐。目的是规避责任,降低用工成本。在新劳动合同法实施前,有些企业出现了突然辞退员工、重签劳动合同等误解甚至抵触新法的现象。一些企业抱怨劳动合同法有关条款增加了用工成本,从华为买断工龄废除现行工号制度,到沃尔玛中国区的大规模裁员,再到央视的清退"新闻民工",越来越多的"辞职门"事件也开始接踵而来。为了规避《劳动合同法》有关条款,为数不少的用人单位在悄然进行着一场"结构性调整",一些所谓的"临时工"、"非正式工"被大量劝退。一些员工也担心"新版华为事件"在身边上演,大学生则担心企业招聘时会提升就业门槛。

建筑业季节性强,人员流动性大,临时工、农民工比例高达70%以上,是受新《劳动合同法》影响最大的行业之一。《劳动合同法》实施,对建筑业多数中小型劳动密集型企业的劳力成本构成上涨压力,因为新法将使这类企业的工资成本额外上涨10%~20%,日益完善的保险体系也导致公司各种人力成本支出都在增多。如北京市保险基数从每月730元变为每月1 800元,一个人的基数就涨了1 000多元。建筑企业面临用工大考验。

现在,由于国家对基本建设和房地产进行宏观调控,市场的变化和技术的进步使人员需求大幅减少,随着外地施工队大量进入北京等城市的建筑市场,和劳务分包企业的出现,很多原有建筑企业大量使用农民工和包工队,不可能用那么多自有职工了。于是不断调整用工结构,减少固定长期工。

现在,企业的大部分管理交给计算机自动管理了。这对那些原有40~50岁、文化程度不高的员工来说很难适应。建筑业原有固定职工大部分是20世纪70年代末、80年代初知青大量回城时招进来的,到现在已经干不动体力活了,也不具备从事管理工作的素质,只能一直待岗。这就形成一个庞大的待岗群体,全算下来,一个待岗职工的人力成本支出,一年至少16 000元左右。历史遗留下来的待岗人员如今很难再有上岗的机会,企业因此背上了沉重的包袱。新《劳动合同法》规定,员工在公司连续工作10年以上,或连续签订两次固定期限合同,没有特殊情况的话,企业就必须和这名员工签订无固定期限的合同,这意味着公司将对这名员工"包"到退休为止。一旦按照新法都必须签订无固定期合同,建筑公司要"养着"这些员工直到他们退休之日,包括工资、保险、福利在内的人力成本总支出,和员工们签"无固定期限的"劳动合同,在一些建筑公司老板看来,是一种极大的成本风险。所以,新《劳动合同法》实施,一些建筑公司就在千方百计赶走这些职工,让他们买断工龄、提前退休、解除劳动关系。

有的建筑公司老板重新设计用工制度,针对新法规定的企业应与工作满10年的员工签无固定期限的劳动合同,就尽量避免用工的连续性,找机会将连续的聘期打断。他们和新员工的一次固定期合同绝不签满10年,到期可以不再续签;对合同到期想继续留用的员工,在第6或7年的时候就把他调到自己掌控的注册法人不同的其他公司去,让这个员工总是不能在一个单位干满10年。

研究探索

新法规定:劳动合同应明确劳动地点,但是对于建筑企业来说,除了以项目施工为期限的合同工作地点比较明确之外,很多时候是难以在合同期限内确定的,施工项目分散在各处,所以合同的签订就很难操作,5年的合同,不可能把工作地点限定死,如果签在北京,到时候人家不去合同约定以外的地方,企业要求人家去就属于违法。这也不符合全球化竞争时代的要求。

另外,农民工的工资也提高了,北京市一般最低的小工工资,已涨到一天55元,一个月近一千五六百元;大工可以挣到一天100块钱。2007年比2006年平均每人每天的工资增加了10~15块钱。2008年估计还要涨,而且,现在能够拿到的工程款比原来还低。造价低、工资高,无形当中建筑业利润大幅降低了。新法实施之后可能成本会更高,一些建筑公司就采取加大工人的劳动强度,压缩开支,工人可能比以前更累了。因此导致建筑业工人大量流失,也开始面临劳动力的短缺。原来每年到了假期就会增加一批考不上学的学生,但是现在几乎断层了。现在农村的生活好过了,而且现在都是一个孩子,父母都不希望孩子卖苦力;而且地方的工厂不断增加,很多人进了工厂。年轻人都不出来了,现在的工人有60%都是40岁以上的。所以,很多搞建筑承包的老板都转行了。

对建筑业的劳动者来说,这一规定带来的利好消息是:签约时间势必延长;但也可能出现一种不好的局面:两次签约之后单位不再跟劳动者续约,用人单位两轮之后就大换血,"十年槛"缩短,对于想继续留在原单位的劳动者来说就不可能了。

年内消灭"包工头"。今年,北京建筑市场将消灭"包工头"。按照"关于进一步规范在京施工企业农民工劳动合同管理有关问题的通知"的规定,本市要严禁非建筑业企业的其他组织或个人招雇农民工从事建筑工作。同时,建筑企业也不得将工资发放给"包工头"或其他不具备用工主体资格的组织和个人。此外,有关部门将在上半年对建筑领域开展联合执法大检查。对于违规企业,除了视具体情况做出行政处罚外,还要将其不良行为记入市建委的行业信用系统,并予以曝光。给建筑企业增加了压力。

还有,由于用人单位在无固定期限劳动合同面前别无选择,所以也许4~6年之后,许多单位70%~80%的员工都是无固定期限合同的员工,无固定期限合同将成为我国用工形式的主流,而建筑业是重体力劳动的,大量使用的职工要求是年轻力壮的小伙子,所以有的人担心,这样的能进不能出是否会引发企业生产效率低下、没有劳动积极性?

综上所述,新《劳动合同法》正式实施对于建筑业的影响是相当大的。对劳资双方都各有利弊。

未来几年,中国建筑市场将成为全球容量最大的建筑市场。但要使建筑业成为真正的支柱产业,其中需做的努力仍然不少。我国建筑业取得了令人瞩目的成绩,一大批高、难、精项目彰显出我国建筑业的总体实力。但不可否认,无论是从产业的层次,还是从企业层次来看,我国建筑业都还存在一些不容回避的问题。新《劳动合同法》正式实施对我国建筑业也是一个严峻的考验。如何严格贯彻执行好新《劳动合同法》,既保护好职工的合法权益,也使建筑企业能够更好地生存发展,是一个还需要深入探讨的课题。其中理顺建筑产品的价格应该说是最重要的因素。

近年来,钢铁、水泥等建筑材料、水电油气能源价格、人工成本都在大幅上涨,商品房价格更是涨了几倍,但是由于拿到工程项目难,招投标恶性竞争,建筑工程造价并没有增长,有的造价甚至还降低了。还要给主管工程项目的一些人回扣,外部的街道、城管、公安、卫生、工商、劳动、消防等等处理不好,都会招致麻烦和风险,要支付很多灰色支出、腐败成本。因此,适当调整工程造价定额,合理提高人工费用,使建筑公司在新《劳动合同法》正式实施后仍有合理利润,不至于活不下去,是很必要的。

另外,需要加强对建筑企业农民工的素质教育和培养培训,提高他们的技术水平,以适应现代化、高科技建筑的建设。今后的建筑物科技含量越来越高,已不是过去那种砖瓦灰沙石的粗笨劳动所能适应的。新《劳动合同法》保障了建筑工人特别是农民工的合法权益,工作稳定了,收入增加了,还要提高他们的工作技能和对企业的忠诚度,能够适应现代化建设的要求。达到劳资互利。

总之,新《劳动合同法》给建筑业带来了新的机遇和挑战,希望我国建筑业能把这一步走好。

人力资源管理面临的法律环境和挑战

程延园

(中国人民大学劳动人事学院,北京 100081)

2007年6月29日通过、2008年1月1日正式实施的《劳动合同法》从起草、颁布到实施,引起了社会各界的广泛关注,利益博弈、观点争鸣、法理思辨贯穿始终。《劳动合同法》在兼顾企业利益的基础上,最终确立了重点保护劳动者利益的制度设计,充分保障劳动者的择业自主权,提高了用人单位的解雇标准和成本,在劳动关系的确立、变更、解除、终止和续订方面加大了国家行政干预。这一制度的设计具有其特殊的历史背景,近年来,在中国建筑、制造等一些劳动密集行业中,出现了许多拖欠工资、不签合同、侵害劳动者权益;甚至血汗工厂、黑砖窑之类的问题;以公司职员为主体的劳动者阶层也因为劳动合同短期化问题越来越突出,普遍存在朝不保夕、缺乏职业安全和稳定感。在这种背景下,这部旨在保护劳动者权益、构建和谐稳定劳动关系的法律,在出台前后获得了强大的舆论支持,关注民生、以人为本、保护弱势群体的呼声也越来越高。

然而,越来越多的迹象表明,这部旨在保护劳动者权益的法律,在即将实施之前就引发了超过数十万劳动者命运的改变。近期一些知名企业相继出现了大规模裁员事件,2007年7月韩国LG电子裁掉11%的中国员工;8月中央电视台解聘1 800名编外人员;9月展讯通信缩编北京分部,随后上海总部亦进行裁员;10月沃尔玛全球采购中心中国区无原则突击裁员,11月中国IT业赫赫有名的明星公司华为,采取了一项大规模的"买断工龄"的行动。从某些外资企业的撤资迁出到某些本土企业劳动合同的重新签订,都被看作企业对"劳动合同法"的反应,其目的是规避这部法律对企业用工制度产生的束缚和成本增加。那么,新的《劳动合同法》将给企业的人力资源管理带来哪些影响、挑战和机会,企业HR应该如何应对呢?

一、新法的积极意义:完善劳动合同制度,规范企业用工

1.规范用工形式,纠正合同短期化

从某种意义上说,中国二十多年经济高速发展的重要原因之一,是低成本的人力资源投入,廉价的体力劳动消耗在拉动经济强劲发展的同时,也带来了劳资关系日益紧张等问题。在国家倡导构建和谐社会的大背景下,今天的焦点已不仅仅是GDP的数字、企业的经济效益问题,整个社会都更加关注劳动者的生存权和财富权,《劳动合同法》也应运而生了。这部法律对企业用工制度的规范和约束,将使企业

人力资源管理必须要以劳动法制为基础，逐步从形式的、技术的管理方法转变为注重实质内容和宏观系统的管理方式，并将劳动关系管理贯穿于整个人力资源管理的过程中。

我国劳动关系在《劳动法》实施后的十多年后的确发生了很大的变化。1995年《劳动法》刚刚实施的时候，5年期限的合同非常普遍，10年、15年期限的合同也常能看到，但在《劳动法》实施2年后，企业的用工制度又走向了另一极端，劳动合同短期化越来越突出，不签合同很普遍，劳务用工派遣化。调查显示，我国企业总体合同签订率只有50%左右，其中非公有制企业只有约20%；且60%~70%的劳动合同时间较短，最终导致80%的劳动关系处在不稳定状态。劳动合同立法的直接目标就是要解决《劳动法》实施十多年来在企业用工当中出现的这些突出的问题和矛盾，具有积极的意义。《劳动合同法》鼓励并要求企业与劳动者签订无固定期限合同，对灵活就业的非全日制劳动关系进行了规范，确认了非全日制用工形式，对灵活就业人员的工作时间、劳动报酬、合同订立、合同解除等问题做出了明确规定。同时，严格规范了派遣机构、用工单位以及被派遣劳动者在劳务派遣中的权利、义务，解决了劳务派遣中劳务派遣单位和用工单位互相推诿、谁也不承担责任的问题。限制劳务派遣的适用范围，明确劳务派遣期不得超半年、岗位为非主营业务，使劳务派遣开始进入按照"游戏规则"规范的阶段。

2. 提升人力资源管理的重要性

《劳动合同法》的实施对HR来说也是一个难得的机会，它让人力资源部的作用更加突出，促使企业关注人力资源管理的合法性和规范性，管理学界反复提倡的人力资源应该成为战略伙伴的理想境界，可能会因为《劳动合同法》的实施而提前到来。当企业无法随意招聘和辞退员工时，如何与企业生产经营结合进行人员规划和配置，就成为与配置其他生产资料同等重要的工作。人力资源管理要从过去简单的招人、发工资、管档案等事务性工作，转向更多地渗透到企业的业务领域，更多地站在公司经营层面解决问题，及时了解企业整体业务情况，更好地配置人员，确保合适的人在合适的位置上。比如在企业发展迅速阶段，

要考虑核心员工的激励问题，旺季的时候怎么"快马加鞭"；在企业发展低谷、淡季的时候又要考虑富余人员的安置等。在把握市场机会的同时，要考虑人员储备是否能支持新业务的开展，在进军新业务领域时，要多一些预算，以备尝试失败后遣散人员，若企业不能承受这笔额外的经济补偿费用，就要终止该项目。

其实，大部分企业在发展过程中，更注重的是销售、业务之类问题，而不太注重人的问题。在业务发展快、生意好的时候，人的问题都掩盖了，一旦遇到市场冲击，竞争环境恶化以后，所有的问题都暴露出来。这时再分析就发现其实企业发展的根本问题、核心问题还是人的问题。

《劳动合同法》的出台应促使企业认真思考，如何通过有效的人力资源管理手段来提升员工的价值，怎样去激励员工，怎样留住核心人才等，都是很关键的问题。新法赋予员工更大的自由选择权，劳动合同期限对员工基本上不具有法律约束，带给企业的直接挑战就是"想留的员工留不住，想走的员工走不了"。企业如何留住核心员工，如何建立退出机制，规范从招人到培训、用人、留人和裁人各个环节的流程，就非常重要。凡是有法律规定要求的，企业的管理制度必须准确体现，人力资源管理制度要与《劳动合同法》接轨。

《劳动合同法》的实施是国家经济结构转变的风向标，要求企业从过去简单依靠廉价体力劳动作为竞争手段，转为依靠高素质的人力资源作为竞争手段，提高企业的创新能力。人力资源管理必须思考与业务之间的关联性，包括人力资源的规划、配置、激励及退出机制等一系列问题。

3. 促进企业管理变革

《劳动合同法》是国家的基本法律，企业只能接受它，没有办法"置疑"，也没有讨价还价的余地。企业需要做的是，深刻理解《劳动合同法》的精神，切实贯彻执行，研究清楚新法律对企业人力资源管理会带来哪些挑战，存在哪些问题，会产生什么影响。一方面，根据法律要求提升企业自身管理水平，使法律成为管理变革的动力。"向管理要效益"或许是企业应对新法挑战的最有效的方法，企业应当关注制度建设，建立健全绩效管理制度、薪酬制度、考勤制度、请假制度、加班制度等，并在执行中不断完善。改变

过去传统的、习惯性的做事方式，避免带来不必要的损失。另一方面，随着《劳动合同法》的实施，企业成本肯定会增加，而且大部分员工都将成为无固定期限的合同，人员推出的难度会加大，这部分成本怎么负担，这部分员工怎么安置，不管哪个企业都要考虑这些问题。应对这些变化，企业要向技术要效率，比如采用技术革新、提高生产线的自动化程度，在岗位设置上尽量少地使用人力等。

二、不能忽略的负面影响：成本提高，机制趋于僵化

1.严格人员退出机制，推高解雇标准

中国企业人力资源的退出是一种法定的退出机制，劳动合同法对企业解除合同作了严格规制，所有的人员退出，都必须从法律上找到依据，都必须符合法律规定，没有法定的理由、不符合法定的程序，企业就不得解雇员工。与其他国家相比，我国的解雇制度在世界上可以说是最严格的国家之一。通常，国际上采用三个指标对企业解雇行为进行规范，即解雇理由、解雇程序和解雇补偿。美国法律规定比较宽松，就业关系建立在自愿基础上，奉行"雇佣自由"思想，任何一方只要履行提前通知程序都可以在任何时候以任何理由终止雇佣关系。这一思想适应了美国经济不断发展的需求，促使了稀缺劳动力在各职业或行业之间的快速流动，实现了劳动力市场的弹性最大化。英国则采用三选一，或具有解雇理由，或提前通知，或支付补偿金。中国法律规定，除劳动者有严重过失解除情形之外，则三者必须同时具备，而且解雇理由还必须是法定理由。与《劳动法》相比，《劳动合同法》进一步提高了企业单方解除合同的标准：取消了可以约定合同终止条件的规定，改"约定终止"为"法定终止"；规定合同自然到期终止，企业也要支付劳动者经济补偿金；加大了企业违法解除或终止的成本，企业违法解除和终止合同，按经济补偿金的两倍向劳动者支付赔偿金；规定了解雇的顺序，明确企业解雇员工，应当优先留用与本单位订立较长期限的固定期限合同的；与本单位订立无固定期限劳动合同的；家庭无其他就业人员，有需要抚养的老人或者未成年人的人员。《劳动合同法》在提高企业解雇标准的同时，赋予了劳动者更大的择业自主权和自由权，劳动者可以无须遵守约定的期限随时提出辞职，且无须支付违约金。这一规定给企业带来的影响在于，过去合同到期可以自然终止，但现在是如果劳动者已连续工作满10年，或者已经连续签订两次合同的，即使合同到期企业也必须继续签订无固定期限劳动合同，加大了人员退出的难度，提高了人员退出成本。

2.劳动关系趋于固化，降低用工灵活性

《劳动合同法》对劳动关系的订立、变更、解除、终止和续订等环节进行了严格规制，对这一过程中双方权利、义务的安排和设定作了明确规定。首先，严格禁止事实劳动关系，加大了对事实劳动关系的处罚力度，规定劳动合同的订立和变更必须采用书面形式，超过一个月不签书面劳动合同的，用人单位要向劳动者支付双倍的工资，超过一年没有签订合同的，视为双方已经订立了无固定期限劳动合同。其次，扩大了无固定期限合同的人员适用范围，并规定应当订立无固定期限合同没有签的，用人单位要向劳动者支付双倍的工资。《劳动合同法》强制推行无固定期限合同，其本意是保障劳动者职业稳定，虽然从法律意义上讲，无固定期限合同并不意味着就是终身制、铁饭碗、保险箱，但由于实践中要解除无固定期限劳动合同非常困难，造成人员只进不出，用工机制趋于僵化、固化，使得劳动力市场无法自由健康地流动，最终导致企业效率降低，竞争力下降。再次，对劳务派遣用工进行严格限制，规定派遣单位要与劳动者订立二年以上的固定期限劳动合同，劳动者在无工作期间，也要支付最低工资。规定企业可使用劳务派遣工的岗位限于临时性、辅助性和替代性岗位，即企业的非主营业务岗位、正式员工临时离开无法工作时的替代岗位，劳务派遣期不得超过6个月，凡企业用工超过6个月的岗位须用本企业正式员工。

3.名义上保护劳动者，实际上可能伤害劳动者

《劳动合同法》在保护劳动者利益的同时，确实也加大了企业用人成本，降低了用工弹性，自然也会影响投资，有些外资已转向东南亚及其他人工成本更低的国家。国外投资的转移意味着工作机会的减少和失业问题的尖锐化，且不说中国目前还有8亿多不具备很好技术背景的农民，就是城市里也有很

多文化、技能水平较低的劳动者,对他们来说,没有投资也就没有工作,没有工作,中国的社会稳定就会出现问题,这个问题非常严峻。另外,从企业的角度来看,新法的执行必将会使那些还在生存线上挣扎的企业步履维艰。对一些劳动密集型的出口加工企业来说,不仅没有了先前国家出口的税收优惠,加上人民币升值,现在还必须面对较高的劳动力成本和弹性很差的用工形式,对这些企业来说确实是一个大考验。《劳动合同法》更多地偏向保护劳动者,但它对劳动者来说是否也会存在一些不利的影响?一些底层的劳动者,或缺乏技术的劳动者可能更难找到工作了,因为企业用工不可能像以前那样有弹性了,退出机制的严厉会让企业限制使用这些劳动者。对处于劳动力市场低端的劳动者来说,《劳动合同法》确实让他们面临很大的挑战。本来,《劳动合同法》的初衷和基本目标就是期望通过法律调整来保护劳动力市场的这些弱势群体,但实施结果很可能会适得其反。因为弹性、灵活的劳动力市场用工关系和用工形式,成本相对较低,更适合一些低端劳动者的就业需求。一旦用人成本提高,用工失去弹性,企业肯定会趋利避害,收缩用人规模,减少用人,少用谁呢?只能是低端的、缺乏劳动技能的、年老体弱的弱势劳动群体。这些员工素质较低,文化程度不高,跟不上企业发展的步伐,因此让他们退出岗位也是大势所趋。弱势劳动者的保护,要更多通过完善社会保障制度,或通过解雇补偿,而不是通过限制企业解雇来保护。

通常人们认为,在"强资本、弱劳工"的情况下,要通过立法提高劳动者的就业谈判能力。劳资双方有一个谈判强弱的问题,在一个平等的社会里,不同劳动者的谈判能力是不同的,不能简单地认为劳动者一定受剥削。事实上,有时候是劳动者剥削企业,有时候是企业剥削劳动者,有时候是恰好平衡。这涉及我们对"资本"和"强"、"弱"的看法,"劳工"是谁?资本包括不包括人力资本?什么是"强",什么是"弱"?现在企业破产、资本受损甚至消亡的事情也不少,企业的寿命赶不上劳动者的寿命,"强"在哪里?在企业破产时,劳动者可以得到原定的工资,并且只要其人力资本符合市场需要,就可以在其他企业就业,所以说我们很难决定谁剥削谁。简单地保护一方,损害另一方,其实也就是损害双方。劳资双方是共生物,劳动者的福利依赖于资本的积累和生产率提高,资本积累和生产率在很大程度上决定了工作岗位的数目能有多少,可靠性如何,工资报酬怎么样。关心企业资本积累和生产率,也就是对劳动者工作的关心。在"劳资"界限并不是泾渭分明的今天,无论经济怎样飞速发展,一部分人得到的"较多",就意味着另一部分人得到的"较少",反之亦然。今后的主要社会冲突,其实就是老年人与年轻人、就业强势群体与就业弱势群体之间的冲突,而不是劳资冲突。不管怎样提高生产效率,没有哪个企业能在竞争市场上克服劳动力成本的劣势,保护企业,才能更好地保护劳动者。我国在发展过程中究竟应当走一条什么样的保护劳动者利益的道路,这是摆在政府、企业和劳动者面前不可回避的问题。无论如何,如何保障就业、再就业与连续就业?如何保障企业的成本与收益比例?这是一个不容忽视的关键性现实问题。

4.重宏观价值追求,轻具体技术探讨

《劳动合同法》以保护劳动者权益为目标和价值追求,这符合劳动法产生和发展的基本规律,但这一立法目标的实现,要依靠具体的技术和手段,而不只是良好的愿望和追求。不能把法律的价值追求过于政治化,也不能把劳动法的价值实现简单地等同于具体技术的探讨。劳动合同立法确实要保护劳动者权益,但到底什么是劳动者权益,是就业、还是福利?应当采用什么方式去保护?如何保护才能实现法律的目标和价值?这是需要认真研究的问题。实际上,不同群体的劳动者,其具体利益是不同的,劳动者的利益也是分层次的,首先是拥有工作机会和工作的连续性,然后才是就业补偿和补救,如就业能力提升;维持较高的工资收入和满足自身需求的福利措施。就业能力弱的人要的是饭碗、是工作,就业能力强的人追求的是自我实现和职业发展。简单地将所有劳动者都放在一个立法层面,无论如何规定,都会出现一部分人可能受到"过度保护",而另一部分人却受到"伤害"的情形。这涉及法律对合同双方干预的"度"的把握,干预太多有悖于合同双方自由协商原则,干预太少又不足于解决现实问题。

劳动力市场有其自身发展和运行的规律,劳动

研究探索

关系调整也有其规律可循,不按市场规律办事肯定要吃大亏。从客观上来讲,法律是经济的记载和宣布,如果脱离了现实的经济发展阶段和水平,脱离了劳动力市场发展规律,愿望就很难达成。从理性、效率、长远的角度看,脱离实际的、理想的劳动合同法不仅会降低企业的竞争力,使国家宏观劳动政策失去应有的弹性,同时也会损及劳动者的利益,而这显然与劳动合同立法初衷不符,也与劳动者的整体诉求不符。平等就业是建立在劳动者能够获得工作机会的情况下的,当劳动者连工作机会都没有的时候,谈论劳动者保护也就没有意义。劳动合同立法不能单纯强调公平或者单纯强调效率,这不是一个非此即彼的选择,单纯强调某一方面的结果都是矫枉过正,最后走向企业和劳动者"双输"的局面,劳动关系调整的目标应该达到效率、公平和劳动者呼声的平衡。

三、应对挑战——HR的应对之道

1.员工配置科学合理

《劳动合同法》在给企业带来变革动力的同时,带来更多的是压力。在这样的法律架构下,人力资源管理会产生哪些具体的变化?人力资源部门又该怎样去应对呢?最突出的问题就是因为企业用工弹性的降低,必须考虑其他"用工出口"。比如,对于已经形成了内部劳动力市场的大型企业来说,采用调岗、重新配置的方式是一个很好的出路,当然这一定要注意程序合法化。

《劳动合同法》要求岗位变动必须通过协商一致才能进行,只要员工不同意,就调配不成。在调岗、定岗时,首先要通过科学的分析测量方法,区分企业内部到底有多少个岗位,同时考虑到以后员工退出弹性的大大降低,更多地采用"用三个人,干五个人的活,给四个人的工资"的管理理念来确定每个岗位最终需要配置多少员工。

2.选人更加严谨有术

对大型企业来说,其良好的经济基础、管理条件以及发展前景还能勉强解决富余人员问题;但对那些没有形成良好的内部用人环境的中小企业来说,富余的不适岗人员很难在内部消化,这时只能在人才招聘上做好规划,并精挑细选把好关。按照《劳动合同法》,劳动合同到期不续签也要进行相应的补偿,而且签订无固定期劳动合同的范围也扩大了,一旦签了无固定期合同,人员退出的难度就更大了,所以,选人这一关更为重要。新法实施之后,企业如果没有法定的理由就不能随便辞退员工。为了适应新的法律,企业在选人环节要下苦功,首先做好岗位分析和评估,科学测量每一个岗位需要的特质、技术和能力,尽量细化、标准化各个岗位的说明书。其次,通过分析、总结企业中优秀员工的特质,构建符合岗位胜任能力模型。第三,通过各种面试工具和手段对求职者进行测试,如通过现场操作或模拟工作等手段更直观地考察求职者。

3.强化试用期考察

提高试用期内对员工能力的有效鉴别,对企业来说也非常重要。在试用期内,企业能够相对方便地与不合格的员工解除劳动合同,并且不用支付补偿金,所以,如果企业能在试用期间证明员工不符合企业要求,便能更及时、更经济地解决人员退出问题。如何证明员工不符合录用要求,企业要做好人力资源管理的每一个环节,不仅要明确各个岗位基本的录用条件,还要将其清晰地告知被试用的员工。具体来说,要想提高试用期的有效鉴别,至少要在三个方面做好准备:首先要做好基础工作,即在岗位说明书中细化职责、任职资格、业绩指标和考核指标等内容,以此作为其他工作的基础和依据。其次,在招聘制度里要把录用条件明确而详细地列出。比如要求应聘人必须提供真实的个人信息,如果一旦发现弄虚作假,企业有权不录用。最后,在考核制度中要加强对试用期的考核,避免考核周期太长的问题发生,不要等员工过了试用期才考核,到时即便发现其能力不足,也很难以试用不合格为由将其辞退了。

4.考核制度标准化

《劳动合同法》规定,员工如果不胜任工作,经过培训和调岗仍然不胜任工作的,企业可以解除合同。什么叫做"不胜任工作"呢?企业在考核时需要把考核制度做得很完备、很周密,而且还得与《劳动合同法》接轨。比如不能再用"末位淘汰"的方法,因为考核排位落后,不见得不胜任工作。要想让末位淘汰这种考核方法能够继续起作用,就需要对考核技术进行调整,比如,在考核时,将最后一个等级直接认定为"不胜任",这样就和《劳动合同法》接轨了。另外,在考核过程中还需要规范操作,即企业不能光说"不胜任",还需要有书面记录,有员工签字。这时,企业就能清楚地认识到考核不再是形式,因为考核完之后,一旦要涉及降职、降薪或解除合同的话,就必须得拿出书面证据来,没有证据,法律是不认可的。从企业人力资源管理角度来讲,《劳动合同法》让企业"无标准"的管理时代一去不复返,如果说以前是"人治",那么现在就要求按照制度来管理,不能再用"凭个人好恶"或"拍脑袋"的决策方式辞退员工。

5.人员退出合法化

《劳动合同法》大大扩大了无固定期限合同的适用范围,随着新法的实施,无固定期限劳动合同将会成为合同期限的一种常态,无固定期限合同的好处,是保护劳动者的职业稳定性,提高员工对企业的忠诚感,但也有可能让企业用人回到"大锅饭"、"铁饭碗"时代。所以,签订合同时要与员工说清楚,即无固定期限并不是终身制、铁饭碗,更不是保险箱,不是说签了无固定期限合同就没法让你走了。企业在签订无固定期限合同的同时,确实也要考虑怎么让不合适的人离职的问题,企业如果没有流动机制,就谈不上什么效率了。关键是要把《劳动合同法》理解好,无固定期限不是不能走,辞退员工一定要有法律依据和理由,要么严重违纪,要么不胜任工作,要么一些客观情况发生了变化或经济性裁员(比如企业更新了机器设备,就不需要再雇用这么多人了)等等这些情况下都能合法地解除合同。只要按照法律规定的程序,完全可以让那些不合企业需要的人"走"得更规范。进一步来说,企业跟员工之间的关系是相互依存的,如果企业都不存在了,员工即使手握"无固定期限合同"的尚方宝剑也没用。所以,对企业来说,必须要形成相应的人才流动机制和淘汰机制,以保证企业基业常青。以前企业往往是用80%的时间解决"如何保留和激励优秀员工"的问题,仅仅用20%的时间去解决问题员工。

《劳动合同法》实施后,用工弹性变得相对小了,想不续签合同也要付出成本,企业现在在如何处理这20%的问题员工方面要付出更多的精力。

6.有选择地使用劳务派遣

《劳动合同法》规定被派遣的劳动者与用人单位员工实行同工同酬,对劳务派遣的岗位范围进行了严格限制,用工单位除须缴纳社会保险费等之外,还要支付派遣机构管理费用,所以从经济上来说并不省钱。但劳务派遣毕竟是一种相对灵活的用工形式,企业可以根据需要,在一些临时性、辅助性、替代性的岗位上有选择地使用劳务派遣员工。

所有建筑施工企业
均应为农民工办理工伤保险

泉州市劳动和社会保障局、泉州市建设局、泉州市地税局日前联合制定的《关于做好我市建筑施工企业农民工参加工伤保险工作的意见》提出,泉州市行政区域内所有从事房屋建筑与市政基础设施工程的新建、改扩建及拆除活动的建筑施工企业,应依法为农民工办理工伤保险。同时,按照《建筑法》规定,为从事危险作业的职工办理意外伤害保险。这项新规定将从10月1日起执行。

职工不记名参保

建筑施工企业职工工伤保险由建筑施工总承包企业统一向工程项目所在地社会保险经办机构办理。建筑施工企业职工以不记名的方式参加工伤保险。参保期限自项目参保之日起生效,至工程实际竣工验收合格之日终止。

工伤保险费用列入建筑安装工程造价,作为规费的组成部分,按照省建设厅会同省劳动保障厅等部门颁发的标准计算,不得作为竞争性费用竞价,并且单列计算。建设单位应及时将职工工伤保险费划拨给建筑施工企业,建筑施工企业不得向职工摊派。

费率可浮动

工伤保险费基准费率,按建筑工程项目总造价的1.5‰征收。各施工企业实际缴费费率,以每个工程项目的工期为周期,单独核算,并按《泉州市人民政府关于贯彻〈福建省实施工伤保险条例办法〉的意见》规定的办法,在基准费率的上下进行浮动。

国有建筑企业人力资源管理现状与对策

◆ 宁惠毅

(中建管理学院，北京 100037)

建筑业是国民经济的支柱产业，国有独资及由国有企业转换而成的绝对控股有限责任建筑施工企业，当前在建筑施工企业中无论从经营规模，还是从业人数上都处于绝对优势。由于国有大中型建筑施工企业逐步从劳动力密集型向管理密集型转轨，建筑行业新技术、新材料、新工艺、新方法的大量产生和使用，市场经济新情况对企业管理提出新的挑战，从而使传统的国有建筑施工企业的从业人员无论是在技术上还是在管理上都存在着严重的先天不足，如果不能够正视这一点，并积极采取相应有效的措施，国有建筑企业将会在激烈残酷的市场竞争中失去"人"这一企业管理中最重要的竞争优势因素，企业将一步步走入恶性循环的怪圈，形成必败的局面。

一、国有建筑施工企业现有人力资源状况分析

国有建筑施工企业在计划经济时代属于政府的"后勤部门"。改革开放后，独立经营、自负盈亏，成为市场竞争主体。从人力资源管理的角度上看，存在着许多遗留问题。

1. 队伍庞大，构成复杂

2. 素质普遍较低

传统国有建筑施工企业人力资源素质普遍不高，各个层次人员都不能满足市场经济发展的需求，成因不同，情况各异，许多问题解决起来非常困难。

3. 分包劳务队伍存在许多问题

众多国有建筑施工企业多年以前就开始尝试建立劳务基地，就是与一些"建筑之乡"劳动部门订立协议，由他们负责培训、管理，建筑公司负责使用。但是劳务基地的队伍和用人单位双方又都存在着面向社会市场问题，实践证明，这种做法不切合实际，也自然推行不开。而自有的劳务队伍又已没有了战斗力，那么只得是面向市场，灵活招用，由此就产生了劳务队伍素质不易掌握的问题。经常是引进一家劳务队伍进了工地后，才发现人员不足，技工水平低，质量难保证，进度上不去，管理非常混乱，合同难以兑现等问题，于是不得不临时再调换其他队伍，造成经济纠纷，给企业的声誉、工程的质量和工期都带来了严重的不良影响。

二、采取有针对性的措施，彻底扭转被动局面

对目前国有建筑施工企业从业人员构成情况和素质情况，必须采取有效措施加以调整和提高。

1. 加强培训工作，提高岗位技术技能

全面实施人员培训有利于提高职员的素质和能力，提高组织的整体水平和工作效率，在这项工作上，应采取多种形式，对工作人员进行有目的、有计划、有组织、多层次、多渠道的培养、教育和训练工作。主要培训形式有入场教育、在岗培训、待岗培训、转岗培训、上岗证书培训等；特别是在大中专学生进入企业时，企业有关部门要组织进行基本管理知识和企业发展史及企业内部规章纪律的教育培训，以增强新职员对企业的了解和信心；对因工程任务不饱满而暂时从项目上退下来的工程技术人员，要进

行待岗培训。企业要积极鼓励企业管理人员参加社会注册类或职称类考试,并应在工资方案中,为获得注册类证书、中级以上职称以及一级建造师、工人中技师等方面职称、资格的管理及技术人员发放津贴,促进职工学业务、学技术、拿证书的积极性,在企业形成良好的学习风气。为确保培训不流于形式,一定坚持用考试的方法来对培训结果做出评价,以保证了每一次培训都能取得良好的效果。

2.加强劳动合同管理,实行优胜劣汰

劳动合同是职工与企业劳动关系的法律文书,是维系个人与组织关系的纽带。只有通过对劳动合同的管理,才能使"人员能进能出"这一用工政策落到实处,才能在现有国家政策条件下建立一种较为有效的"退出"机制。在劳动合同管理方面,首先是对合同内容进行科学合理的设计,各单位的劳动合同用的是劳动部门标准文本,一般都是按照标准文本执行,但在执行过程中,应特别重视"甲乙双方协商同意需要约定的其他事项"条款,在与广大职工讨论同意的基础上,需增加对劳动时间和合同期限不满擅自解除合同的违约责任,并对用人单位和职工在现在一些政策还不太明确的问题上要尽可能进行明确的规定,使企业在职工"退出"问题上操作办法更切合实际,通过签订补充条款做到"有法可依"。其次是加强合同到期续订合同的考核工作,纠正以往"看面子,轻考核"的合同管理倾向。明确规定,企业内部待岗人员合同到期原则上不再续订合同,并且通过部门、基层单位和公司人事劳动部门对合同到期人员三级考核,使优胜劣汰落到实处,优秀者续订合同期限可以放到五年以上,对特别优秀者可续签不定期长期合同(成为终身合同),考核不胜任者一律不再续订合同。对劳动合同到期不积极采取行动与企业商谈合同条款人员,由人事劳动部门负责及时通知本人,采取一切措施,使合同得到及时终止,坚决防止"实事合同"产生,对因人事部门的工作人员不负责形成"实事合同"的给予严重处理。通过采取以上措施,加强对劳动合同的管理,从而使从业人员队伍得到尽可能的"净化"。

3.充分发挥工资的杠杆作用

工资是激励职工工作积极性的重要手段,是稳定职工队伍的主要方法。如何使工资能真正起到激励作用,通过工资杠杆,促进广大职工学习技术、增长才干、努力工作,在满足企业生存发展的前提下提高职工收入水平,这是我们工资工作的重点。结合整体承包经营责任制的推行,实行"承包"和"日常考核"双监控,在平时工资发放问题上,坚持与实现利润及完成工作业绩紧密结合,和经济效益紧密挂钩,实行岗位工资和效益工资的融合,固定岗位基数,搞活效益工资浮动,明确规定"缴足国家税费、完成公司确定的利润指标后,其余全部归承包人进行分配"的承包原则。在日常工资发放中,按完成利润和上交资金比例增发效益工资,如发生亏损,除不得发放效益工资外,全体管理人员岗位固定工资相应下浮。从而真正打破"大锅饭",既稳定了队伍,又促进了企业发展。

4.建立内部竞争机制,搭建内部人才流动平台

建立企业内部人才市场是使企业人才做到合理流动的重要途径,它不仅能够做到人尽其才,而且可以防止人才"部门所有"。我们在工作中,加强对人力资源调配工作的管理,成立了人力资源管理中心,建立人力资源台账。并且在公司局域网上设置了"空岗需求"栏目,应规定各基层单位凡是发生人员退休、调离或者业务范围扩大需要增加或补充人员时,必须填写空岗需求申请,经批准后上网公布,企业所有职工都可以根据空岗需要的条件参加竞争上岗,不经过空岗发布、竞争上岗这一程序,任何单位不能调进人员,如内部确实招聘不到合适人员,方可到社会人才市场进行招聘。通过"空岗发布,竞争上岗"程序,打破以往"工作靠安排"的思想观念,改变计划经济下"安排工作"的传统做法,在企业内部实行"双向选择"上岗机制。这样即可较好地解决过去存在的人才"部门所有"的陋习,也使企业内部人才市场功能得到较好的发挥。

5.通过契约形式,加强对待岗人员管理,使其成为企业储备力量

不管是因工作能力低长期没岗上,还是喜欢"外面的世界"有岗不上,或者是由于单位短期内工程项目承接不上,造成人员无岗可上,企业内部待岗人员数量比重过高是目前国有建筑施工企业一个不争的实事。对这部分人的管理是企业管理的一大难题,是目前人力资源管理的一个重点。为了克服目前社会上普遍存在的"两不管"现象,针对一些职工不愿意回公司参加竞争上岗的倾向,摸索建立了一套签订"待岗人员协议"的办法,在这个办法中,企业作为一方,待岗职工作为一方,就双方权利、责任和义务,用书面形式明确地界定下来,明确规定待岗人员在待岗期间向企业交纳的各项费用及交纳时间,规定待岗人员在协保期间,如发生意外事故企业不承担责任,从事违法犯罪活动,企业有权将其除名及解除劳务合同等;并且在协议中,还明确规定,如企业生产经营需要,待岗人员应在规定的五天时间内回公司商谈合同,否则,按自动离职处理。通过双方自愿签订协议办法,对职工进行约束,使企业的不利因素尽量减少,一旦发生纠纷,有双方签字认可的文字契约,可以帮助企业处于主动地位。另外还可以利用这一方法使企业待岗人员成为后备资源,保证企业生产经营规模扩大时,能够尽快地组织起项目管理班子,使队伍组建渠道畅通。可以激励在岗人员珍惜自己的工作机会,更加努力工作。

6.引进市场竞争机制,加强对农民工劳务队伍的评价和选择工作,劳务队的选择工作至关重要

要面向社会选择使用劳务队伍,通过建立劳务分包队伍管理制度,实行"分包方评价"程序,加强对劳务分包队伍的选择与考核,对每支将进场的劳务队伍,要从资质资格、工人技术力量、信誉度、从事过的施工工程、工作业绩等几个方面进行认真细致的调查,并做出评价。劳务队伍进场要签订分包合同,明确双方的权利、义务,通过双方磨合,逐步建立较为稳定的合作关系,建立有关台账,掌握劳工人员情况,使分包队伍管理纳入企业人力资源管理的范畴。

三、走出人力资源管理误区,打造企业核心竞争力

1.人力资源管理不能等同于人事管理

人力资源管理就是人事管理,这是目前各级管理人员思想中关于人力资源管理的最大误区。现代人力资源管理与传统劳动人事管理不同,其主要特征表现在"战略性"层面上。

首先,从战略思想上讲,现代人力资源管理是"以人为本"的人本管理;其次,从战略目标上讲,现代人力资源管理是为了"获取竞争优势"的目标管理;再次,从战略范围上讲,现代人力资源管理是"全员参与"的民主管理;最后,从战略措施上讲,现代人力资源管理是运用"系统化科学方法和人文艺术"的权变管理。

人力资源管理工作要真正为企业的战略与业务服务,就必须建立适合本公司特点的人力资源管理体系。为此,在人力资源管理职能上,应建立起以识别人才为基础的工作分析系统、以选拔人才为基础招聘与选拔系统、以用好人才为基础的配置与使用系统、以培育人才为基础的培训与开发系统和以留住人才为基础的考核与薪酬系统。这五大系统的建立和完善是一个长期而艰巨的任务,也是人力资源是否得到优良管理的标志。

2.企业再不能只注重经营而不注重管理

人力资源管理是组织管理的主要内容之一。在企业的实际工作中,人力资源虽然在口头上被管理者称为"第一资源",但很少有管理者将其真正视为企业的核心竞争力,也很少有人将其作为工作的第一要务。

长期以来,企业领导者总是把经营成果作为衡量企业发展和经营者工作业绩的唯一标准。特别是全面进入市场经济之后,许多企业领导者更是只重经营,不重管理,认为经营产生效益、是挣钱的,而管理产生的效益是一时半会看不到的,是吃闲饭的,是花钱的,这种畸形的发展观普遍存在各级企业领导者思想之中,而且已经成为国有建筑企业可持续发展的极大隐患。要解决这一问题应采取以下措施,即:一是建立以效益和管理为中心的经营者考核体系;二是加强企业核心层对下属各企业的全面监控管理;三是建立完善科学的人才选拔机制;四是加强对主要管理者的管理知识培训;五是充分借助社会力量,但不依赖于社会力量搞好管理工作。

目前,国有建筑企业的人力资源管理水平还是很有限的,这需要使借助社会力量成为提升企业管理水平的有效手段。相信咨询公司的人,将咨询公司比喻为"囊",可以帮助企业囊括一切问题;不相信咨

询公司的人，把咨询公司当作是"狼"，只会吃，而不能解决问题。这些都是误解，但是始终要明确的是：咨询公司的咨询顾问永远不能代替企业的真正管理者的职能。

如何借助外脑搞好企业，咨询公司是"保健医生"，是企业的参谋，他们能够帮助企业去发现问题，并且根据所掌握的方法论和咨询工具，以及所积累的咨询经验，结合对企业内部的深刻认识，提供解决问题的可操作性方案。但假如企业不去真正地实施咨询方案，不按方案来认真执行，那是无法解决问题的。具体地讲，咨询公司有三大作用：一是发现问题，即通过系统的访谈和调研，发现企业存在的问题；二是帮助解决问题，即针对企业存在的问题，提出符合企业实际、并具有可操作性的解决方案；三是"授人以鱼，不如授人以渔"，他们从方法论上教会企业如何发现和解决问题，实现企业自身的"强身健体、焕发活力"。

3. 薪酬福利并不是激励职工的最有效手段

薪酬福利是激励员工的最有效手段，这也是人力资源管理的一大误区。薪酬福利作为保健因素，仅仅能使职工消除不满情绪，而不能真正激励职工。只有帮助职工逐步实现人生价值，这才是最有效的激励职工的手段。而职业生涯阶段管理又是帮助职工实现人生价值，得到企业乃至社会认可的最有效途径。

职业生涯阶段管理是人力资源管理的重要内容之一。它是从企业的角度出发，根据企业发展对职业的需要，对职工个人的职业生涯进行设计、规划、执行、评估、反馈和修正的一个综合性过程。职业生涯管理是组织提供的用于帮助和促进在企业内部正在从事各类职业活动的职工职业发展的行为过程。职业生涯管理实质上是将职工视为可开发增值而非固定不变的资本。通过协助职工在职业目标上的努力，谋求整个企业的长期可持续发展。职业生涯阶段管理必须满足个人与企业的双重需要，通过职工和企业的共同合作努力，使每个职工的职业生涯目标与企业发展目标一致，使多数职工的发展与企业的整体发展相吻合。因此，职业生涯管理是企业和职工双方的责任。企业和职工都必须承担一定的责任和义务，双方共同完成职业生涯的阶段管理。

职业生涯管理的形式多种多样，涉及的内容十分广泛。凡属企业对职工职业活动的帮助，均可列入职业生涯管理范畴之中。职业生涯管理作为企业的一种动态的、长期的管理过程，将始终贯穿于职工职业生涯发展和企业发展的全过程。每一个企业成员在职业生涯的不同阶段及企业发展的不同阶段，由于其发展特征、发展任务以及应注意的问题都是不同的，每一阶段都有各自的特点、各自的目标和各自的发展重点，因此，一套系统的、有效的职业生涯管理制度和体系要涉及企业管理与职工发展的诸多方面的内容，是一个相当庞大的系统工程。

此外，在企业内部的各级管理人员的潜意识中，还存在着许多误区，如：人力资源管理仅仅是人力资源管理部门的责任，与非人力资源经理无关；现代人力资源管理纯属西方的管理理念，不适合我们的国有企业；国有企业积淀存在的问题错综复杂，很难搞好人力资源管理等等，这些都是值得我们去认真思考、研究探索的。只有走出误区，才能够打造出坚实的企业核心竞争力，才能够真正实现人才强企，才能够使国有建筑企业在汹涌的市场经济大潮中始终立于不败之地。

研究探索

绿色施工
呼唤绿色标准体系

唐晓丽

(中国标准设计研究院,北京 100044)

摘　要:绿色施工是建筑业可持续发展的关键环节,是建筑企业发展的必然选择。本文通过对我国绿色施工的实施现状以及绿色施工对企业竞争力的影响分析,表明系统实施绿色施工是建筑业可持续发展的有效途径。并论述了建立施工标准体系的必要性和现实性。

关键词:绿色施工,可持续发展,标准

一、绿色施工的必要性

建筑业的可持续发展与建筑施工密不可分。项目施工过程会对环境、资源造成严重的影响。在许多情况下,建造清除和扰乱了场地上现存的自然资源,代之以非自然的人造系统;建造和拆除所产生的废弃物占填埋废物总量的较大比重;在建造过程中散发出的灰尘、微粒和污染物会产生严重污染等。而具有可持续发展思想的施工方法则能够显著减少对场地环境的干扰、填埋废弃物的数量以及在建造过程中使用的自然资源,同时还可将建筑物建成后对室内空气品质的不利影响减少到最低限度。

绿色施工正是可持续发展思想在工程施工中的应用体现,是绿色施工技术的综合应用。绿色施工技术并不是独立于传统施工技术的全新技术,而是用"可持续"的眼光对传统施工技术的重新审视,是符合可持续发展战略的施工技术。绿色施工却并不仅仅是指在工程施工中实施封闭施工,没有尘土飞扬,没有噪声扰民,在工地四周栽花、种草,实施定时洒水等这些内容,还包括了其他大量的内容,它同绿色设计一样,涉及可持续发展的各个方面,如生态与环境保护、资源与能源的利用、社会经济的发展等。

二、绿色施工现状分析

目前,绿色施工虽然已经为越来越多的业内人士所了解。但在实际应用中,存在深度、广度不足,系统化、规范化差,口头赞同多、实际行动少等现象,绿色施工的作用并不明显,亟待进一步加强与完善。

1.认识不足

由于人们对环保的重视仍然不够。在项目实施中,施工人员对施工过程的环境保护、能源节约尤为不重视,似乎已经习惯了刺耳的噪声、严重的浪费和一些习惯性的不良做法,对绿色施工重视不足。

此外，许多承包商在采取绿色施工技术时比较被动、消极，不能够积极主动地运用适当的技术、科学的管理方法，以系统的思维模式、规范的操作方式从事绿色施工。事实上，真正的绿色施工应当是将"绿色方式"作为一个整体运用到施工中去，将整个施工过程作为一个微观系统进行科学的绿色施工组织设计。绿色施工技术除了文明施工、封闭施工、减少噪声扰民、减少环境污染、清洁运输等外，还包括减少场地干扰、尊重基地环境，结合气候施工，节约水、电、材料等资源或能源，环保健康的施工工艺，减少填埋废弃物的数量，安全生产，以及实施科学管理、保证施工质量等。

2.成本阻碍

绿色施工技术的运用需要增加一定的设施或人员投入，或需要调整施工作业时间，从而导致建筑成本的增加，如无声振捣，现代化隔离防护，节水节电等对可持续发展有利的新型设备（施）；有利于可持续的建造方法的研究与确定等。承包商的目标是以最低的成本及最高的利润在规定的时间内建成项目，除非几乎不增加费用，或者已经在合同、法规中加以规定，或者承包商在经济上有好处，否则承包商不会去实施与环境或可持续发展有关的工作。

3.缺乏制度与标准

一是体现在政府在宏观调控上缺乏有效的手段和制度体系。当前我国建设行政管理部门对施工现场的管理主要体现在对文明施工的管理，对于绿色施工还没有系统科学的制度来予以促进、评价及管理；缺乏必要的评价体系，不能以确定的标准来衡量企业的绿色施工水平。二是体现在许多建筑企业缺乏推行绿色施工的制度安排，未建立相应的管理体系，当前通过ISO14001认证的建筑企业仍然仅占很小的比例。

此外，当前我国建筑市场仍存在一些不良现象，各项改革仍在进行，如，不规范的建筑工程承发包制导致一些建筑企业不是通过改进施工技术和施工方法来提高竞争力；建筑工程盲目压价严重，导致承包商的利润较低，经济承受能力有限。

总之，当前大多数承包商只注重按承包合同、施工图纸、技术要求及项目计划完成项目的各项目标，没有运用现有的成熟技术和高新技术充分考虑施工的可持续发展，没有把绿色施工能力作为企业的竞争力予以培养，绿色施工技术并未随着新技术、新方法的运用而得到充分应用。

三、提升建筑企业竞争力亟待导入绿色施工

企业竞争力是指在竞争性市场中一个企业具有的能够持续地比其他企业更有效地向市场提供产品或服务，并获得盈利和自身发展的综合素质。我国建筑业是一个传统型的产业，建筑企业总体素质较低，服务意识较差，在降低成本、提高质量方面缺乏主动性，缺乏足够的竞争力，"大的不强，小的不专"是我国建筑业的现状。例如：从对外工程承包的总体情况来看，我国建筑企业在资本、技术、经营管理、人才等方面与发达国家建筑企业存在显著差距，2002年在世界225家最大建筑承包商中，我国有39家企业列入其中，但是总的承包额却只占到5.03%的市场份额，特别是在总承包权和技术含量比较高的工程项目竞争中缺乏优势；而且有特色的、专业性强的分包公司凤毛麟角，分包主要以劳务分包为主，在一级、二级建筑市场没有优势。

由此可见，当前我国建筑企业要想在激烈的国内竞争中不断发展壮大，要想在激烈的国际建筑市场竞争中立于不败之地，必须不断提高企业的竞争力。企业提高竞争力，需要从技术、管理、人才、服务等不同角度采取改进措施，而系统地实施绿色施工是提高企业竞争力的有效途径。如前述，绿色施工当前在我国的推行仍然存在许多不足，企业若能够系统实施绿色施工，则可在激烈的市场中占有一定的比较优势。实施绿色施工对建筑企业竞争力的影响主要体现在以下方面：

1.降低环境风险、法律风险

有效的环境管理是实施绿色施工的主要内容。实施绿色施工要求企业施工中减少场地干扰，尊重基地环境，减少环境污染，提高室内外环境品质；实施绿色施工的企业应当建立企业的环境管理体系，并积极通过ISO14001的认证。

企业实施绿色施工，建立和实施有效的环境管理体系，可以显著降低由于违反环境管理、施工管理等相关法规而带来的环境风险和法律风险。企业建立和实施环境管理体系要求企业对遵守环境法规及其他要求做出公开承诺，因此，企业就必须从过去被动的执法而采取末端治理，转变为自觉地学法、用法，用相关法规及标准来规范自身的生产行为。

2.有助于提高建筑企业管理水平

实施绿色施工与企业管理相辅相成，一方面，实施绿色施工，必须要实施科学管理，提高企业管理水平，使企业从被动地适应转变为主动地响应，使企业实施绿色施工制度化、规范化；另一方面，实施绿色施工又有助于提高企业管理水平。绿色施工不是企业某一个部门的职责，需要企业从上到下全员的参与；绿色施工涉及包括投标、施工组织设计、施工准备以及施工的全部施工生产过程，绿色施工管理贯穿于整个过程中的各项管理活动中；绿色施工并不是孤立的目标，它与工程建设的质量、投资、工期等目标密切相关，它是全方位的施工管理。因此，绿色施工与企业全面质量管理密切相关。

3.有助于企业技术创新，提高企业竞争能力

技术创新能力是企业核心能力的重要内容，是衡量企业竞争力的重要标志。实施绿色施工需要用"可持续"眼光对传统的施工方法、工艺、材料、管理组织等进行革新，需要有针对性地进行技术创新和管理创新。例如：通过对地基与基础施工工艺及技术的创新来减少施工中对基地环境、生态的干扰和破坏；通过对涂料及喷涂工艺的创新来提高产品性能，减少对环境品质和人员健康的影响；通过对工程废旧材料的重新利用，来节约资源，减少废弃物的处理，降低成本。

因此，建筑企业实施绿色施工，与企业技术创新密不可分。通过技术创新，企业可掌握适宜的绿色施工技术，促进绿色施工的全面深入开展，不断提升企业绿色施工水平和企业竞争能力。

四、建立绿色施工标准体系是当务之急

1.必要性

在人类历史上，自然科学和社会发展中的每一次重大变革，总是同标准的进步联系在一起的。科学史告诉我们，人类使用火与热的历史虽然长达几十万年，但只有在出现了温度计，能够对温度进行精确测量时，才使热能得到更有效的利用，使瓦特于18世纪发明了蒸汽机。有了蒸汽机推动的纺织机，才启动了人类社会的工业革命。一般而言，凡是想要尽快取得进展的那些领域，都应有意识地先设立某种标准。设立统一标准体系、进行测量规范，对推行一个有效的管理是完全必要的和极其有利的。

2.参照先进国家的经验,绿色施工的标准应包括如下内容

(1)立足点和目标。绿色施工标准应是在明确环境可持续发展、经济可持续发展的基础上进行的。它为社会以及政府提供一个普遍的标准，从而指导建筑的决策与选择；通过该标准的设立，提高公众的环境保护和建筑节能意识，鼓励施工企业和设计部门进行绿色建筑设计；使得绿色建筑成为一种市场行为，推动其市场化进程；加强标准评价体系的可操作性和可参考性，使得政府制定有关建筑的新政策和法规更加具有科学性。

(2)关注点。绿色施工标准评价体系具有明确的分类和组织体系，将指导目标（实现建筑环保节能的可持续性发展）与评价标准有机结合起来，实现了定性评价与定量评价相结合，使得评价更加系统和完善。

(3)不断地更新和完善。绿色施工标准系统是一个复杂而有机的整体，它是随着实践不断向前发展的，因而其评价是可重复的、可适应的、对环境变化和不确定性及时做出反应的，其版本也在不断地更新和完善。

3.参照中国国情,绿色施工标准的建立与实施应做到

在绿色施工标准建立与实施的过程中，政府、行业协会及企业应充分沟通、协商和交流，互相协作、互相帮助、互相监督，并在提高施工人员整体素质和降低成本方面进行强力公关，制订切实可行的对策思路使标准制度化、程序化、人性化，以实现我国建筑业的可持续发展。

建设工程项目业主方全过程索赔管理探讨

◆ 李建军[1]，王宇静[2]

(1.湖南中烟工业有限公司长沙卷烟厂，长沙 410007；2.同济大学经济与管理学院，上海 200092)

摘　要：索赔管理是业主方项目管理工作的一项重要工作内容。首先剖析了建设工程索赔的内涵和业主方反索赔的主要内容，并在对工程索赔产生的原因及建设工程实施全过程中承包商潜在的索赔事件进行分析的基础上，提出了建设工程项目实施各阶段业主方索赔管理的措施。

关键词：建设工程项目，业主，工程索赔，反索赔

随着我国建设管理体制改革的不断深化和国外先进项目管理理论的广泛推广，工程索赔已成为建设工程合同双方维护自身合法权益一项重要的法律手段。对于业主方而言，应正确认识工程索赔，科学预防、积极应对、主动出击，避免或降低承包商索赔发生的概率，为自身的反索赔寻找机会，降低损失，不断积累索赔管理经验和提高索赔管理水平，保证建设工程合同的顺利履行并确保建设工程项目的目标顺利实现。业主方如何做好建设工程项目全过程的索赔管理，则是一个值得业主方研究与深入思考的问题。

一、业主方反索赔的主要内容

根据国际工程施工索赔规范，普遍按索赔的对象来界定索赔与反索赔。通常把承包商就非承包商原因所造成的承包商的实际损失向业主提出的经济补偿或工期延长的要求称为"索赔"；由于业主就承包商违约而导致业主损失而向承包商提出的补偿要求，称为"反索赔"。

业主方的反索赔一般包括两类：一类是对承包商提出的索赔要求进行分析、评审和修正，否定其不合理的要求，接受其合理的要求。这一类索赔整体上讲是防守型的，但它却是一种积极意识，有时则表现为以攻为守，争取索赔中的有利地位。

另一类是业主方对承包商在履约中的缺陷责任独立地提出损失补偿要求，是一种主动行为。主要包括以下几个方面的内容：

（1）工程进度反索赔：施工合同中已明确规定了工程完工的日期，除在合同执行中业主已批准的延长期外，承包商必须在合同规定日期内完成合同所规定的工程内容；否则，业主就可以提出工程进度反索赔。在许多施工合同中，甚至在工程招标文件中就明确了该工程延误赔偿金的具体比例数。按拖期一天，罚款一定比例的款额计算，一般不超过项目合同

研究探索

价的10%。

(2)施工缺陷反索赔:指施工单位的施工质量不符合施工技术规程的要求,或使用的设备和材料不符合合同规定,或在保修期未满以前未完成应该负责补修的工程时,业主有权向施工单位追究责任。如果施工单位未在规定的期限内完成修补工作,业主有权雇佣他人来完成工作,发生的费用由施工单位承担,并且没收质量履约保证金。

(3)其他原因引起的反索赔主要包括以下几个方面:

- 承包商运送自己的材料、设备时,对第三方设施造成损坏,第三方要求业主赔偿时;
- 承包商申办的施工保险过期或失效时,给项目业主造成的损失;
- 承包商提供的建筑材料或设备不符合合同要求,需重新检验所需费用;
- 因承包商原因造成工期延误,引起工期延长,增加业主额外开支及其他服务费用;
- 由于国家法律法规调整引起的物价回落或税费调减,业主有权扣减相应款额,以反索赔形式维护自己的利益。

二、承包商潜在索赔事件的识别

在业主方的反索赔中,第一类索赔是业主方索赔管理工作的重点与难点,是业主方和承包商之间实力与智力的较量。因此,客观全面地识别潜在的承包商索赔事件则是业主方索赔管理的首要任务。承包商潜在的索赔事件一般为:

(1)业主没有按合同规定的要求交付有关资料和设计图纸,没按合同规定的日期交付施工场地、行驶道路、接通水电,使承包商的施工人员和设备不能进场;没按合同规定的时间和数量支付工程款。

(2)招标文件不完备,或提供的文件之间矛盾、不一致,业主提供的信息有错误。

(3)由于设计变更和设计错误等造成工程修改、报废、返工、停工、窝工等。

(4)业主拖延图纸批准、拖延隐蔽工程验收、拖延对承包商问题的答复,不及时下达指令,造成工程延误或停工而对承包商造成的损失。

(5)业主在验收前或交付使用前,擅自使用已完或未完工程,造成工程损坏;在保修期间,由于业主使用不当或其他非承包商责任造成的损坏。

(6)金融及政策因素。物价大幅度上涨造成材料价格、人工工资大幅度上涨;货币贬值,使承包商蒙受较大的汇率损失;国家法令的修改,如提高工资税、提高海关税、颁布新的外汇制度等。

(7)不可抗力因素。如反常的气候条件、洪水、革命、暴乱、内战、政局变化、战争、经济封锁、禁运、罢工和其他一个有经验的承包商无法预见的任何自然力作用等使工程中断或合同终止。

三、业主方全过程索赔管理的措施

承包商潜在的索赔事件贯穿于建设工程项目实施的全过程中,业主方如何针对承包商可能提出的索赔,在项目实施的全过程中采取防范措施,以法律的手段维护自身的合法权益,尽量避免索赔事件的发生或将索赔的额度降到最低,乃是业主方索赔管理的核心任务。

1.勘察阶段

工程建设项目大多是依附于土地的,对地下资料的勘探至关重要,勘探基础资料的准确,直接影响到设计计算数据,影响选址、选型、地基处理等,进而影响工程造价。选择资质高的、信誉好的、技术力量雄厚的勘察设计是头等大事,尽量保证地质勘探资料的完整和准确。

2.设计阶段

设计变更引起费用增加,是承包方提出索赔的重要理由。业主对设计方案应反复推敲,深思熟虑,广泛征求有关各方利益主体的意见,以致达成共识。设计方案一经确定,无特殊情况在施工阶段不准提出较大规模的设计变更。避免出现大的设计变更,干扰承包商原来的施工进度计划,导致承包商向业主方提出费用索赔和工期索赔。

3.招标投标阶段

在招标阶段,从招标图纸的设计、招标文件的编写、投标方案的审定等各环节都蕴藏着风险,都可能让承包商抓住索赔机遇。因此,在招标阶段,业主应组织有着丰富施工管理、合同管理经验,精通金融和财务管理的专家编写招标文件,并结合项目特点进行深入的分析研究，以积极的态度避免不必要的索赔，保证工程建设的顺利实施。

工程承包合同是工程索赔和处理索赔事件的主要依据，合同中的各项条款将渗透到工程管理的各个环节，业主应按照"内容齐全、条款完整、没有漏项；语言明确、责任界定清晰、避免歧义；风险分担合理、双方权利与义务对等"原则拟定合同条款，力求合同内容全面、细致和准确。

4.项目施工阶段

施工阶段是建设工程发生索赔最集中的阶段，为了减少施工过程中的索赔，业主应注意以下4个方面：

(1)做好施工阶段的信息管理工作。在工程项目的实施过程中，会产生大量的信息和资料，这些信息和资料是开展索赔的重要依据。如果项目资料不完整，索赔就很难进行。因此，在施工过程中应始终做好信息管理工作，建立完善的资料记录和科学管理制度，认真系统地积累和管理施工合同文件、质量及财务收支等方面的资料。对重要的证据资料最好附以文字证明或确认件。例如，对一个重要的电话内容，仅附上自己的记录本是不够的，最好附上经过双方签字确认的电话记录；或附上发给对方要求确认该电话记录的函件，即使对方未给复函，亦可说明责任在对方，因为对方未复函确认或修改，按惯例应理解为他已默认。

(2)重视合同管理。业主方应积极进行合同监督和跟踪，首先保证自己全面履行合同和不违约，并且监督和跟踪对方的履行情况，一经发现不符合，或出现有争议的问题应立即分析，进行反索赔处理。

(3)发挥工程监理的作用。应加强监理工程师在索赔管理中的作用，充分发挥监理企业和监理工程师的专业化优势。而且，监理作为介于业主和承包商之间第三者的身份，有利于协调业主和承包商之间的关系，可以避免合同双方直接的矛盾冲突，能为调和矛盾和解决争议创造回旋余地。

(4)善于转移风险。对于无法避免的风险，从工程保险的角度来考虑转移风险。在引起索赔的事件中有一部分是由于客观风险所引起的，对于这样一类索赔，业主可以通过一定的措施来避免或转移风险，避免风险发生时承担损失赔偿。对于建设工程转移风险有两种方式：可以明确识别的风险可以通过建设承包合同实现在业主和承包商之间的转移；对于无法明确识别和分配的风险可以通过保险合同实现从工程建设实施方(业主、施工、设计和监理等)向保险公司的转移。

四、结语

在建设工程项目的实施过程中，工程索赔难以避免。业主方应深刻认识工程索赔的内涵，深谙业主方反索赔工作的主要内容，具有防范索赔的风险意识，在深入分析工程索赔产生的各种原因和识别承包商潜在的索赔事件的基础上，在项目实施的各个阶段采取措施，做好建设工程的全过程索赔管理工作。索赔管理，对业主方而言，不仅是合理运用法律手段维护自己切身利益的一项重要措施，也有利于控制建筑工程造价，节约项目投资，确保建设工程保质保量地如期竣工交付使用。同时，对推动我国建筑市场运行机制的完善及市场博弈规则的建立健全也有着深远的意义。

参考文献：

[1] 成虎.建筑工程合同管理与索赔[M].南京：东南大学出版社，2000.

[2] 陈健康.建筑工程项目业主方索赔管理的研究[J].基建优化，2007(6).

[3] 李敏.政府投资工程项目管理中的施工索赔控制与预防[J].建筑经济，2007(S1).

[4] 黄庭红.浅谈施工索赔与控制应用[J].山西建筑，2009(16).

[5] 文罗义.浅谈业主对建设工程施工索赔的预防与处理[J].建设监理，2006(2).

悬索结构弯曲索单元模式的研究与应用

◆ 施建春，杜文学

（黑龙江科技学院，哈尔滨 150027）

摘 要：针对曲线索单元在不同载荷作用下出现的拉、压与弯曲性能，提出一种新的曲线索单元模式。采用增量形式的平衡方程，建立了有限索单元平衡迭代列式，对一个张拉整体结构中所采用的预应力主索的力学性能进行了分析。结果表明，利用本文提出的索的单元本构关系，能够反映实际大跨悬索结构中主索因其截面性质而对其受力性能的影响，理论方法简单实用，满足工程要求，对类似工程结构的设计分析有一定的参考价值。

关键词：曲线索，单元模式，预应力，悬索结构

悬索结构的空间曲线形状是与荷载直接相关的，其在施工及使用过程中因荷载的变化必然会引起其形状及其内力的改变，故索的平衡方程建立在变形之后的几何位置上，属强几何非线性问题。本文从这一角度出发，基于能量原理，考虑索单元的拉、压、弯变形，提出一种新的有限元模式来分析索的几何非线性力学性能。采用增量形式的平衡方程，建立了有限索单元平衡迭代列式，并对张拉整体结构中所采用的预应力索梁结构中的悬索进行了分析。

一、能量法原理

平面直线索单元如图 1 所示。

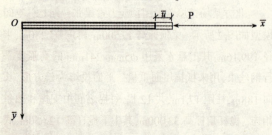

图1 索杆单元

在图示载荷作用下，直线索单元沿轴线 $\bar{x}$ 方向产生一位移 $\bar{u}$；另外由于压力的作用，在垂直于 $\bar{x}$ 轴方向的两个正交坐标 $\bar{y},\bar{z}$ 方向上会产生弯矩。故梁中任意截面、任意纤维层处的总的应变可表示如下：

$$\bar{u}_t = u - z \cdot w,_x - y \cdot v,_x \qquad (1)$$

假设轴向预应力为 σ_0，单元长度为 L，横截面积 A，则单元的应变能 U_E 由以下两部分组成：

$$U_E = \int_L \frac{E}{2}\varepsilon_G^2 dA \cdot dx + \int_L \sigma_0 \varepsilon_G dA \cdot dx \cong \frac{E}{2}\int_L A \cdot (u,_x + \frac{1}{2}u,_x^2 + \frac{1}{2}v,_x^2 + \frac{1}{2}w,_x^2)^2 dx + p\int_L (u,_x + \frac{1}{2}u,_x^2 + \frac{1}{2}v,_x^2 + \frac{1}{2}w,_x^2) \cdot dx + \int_L \frac{EI_y}{2}w,_{xx}^2 dx + \int_L \frac{EI_z}{2}v,_{xx}^2 dx \qquad (2)$$

二、有限元模型

引入 1-3 节点曲线索单元，如图 2 所示。采用曲线坐标系 ξ，原点在节点 3 处单元的几何中心上。

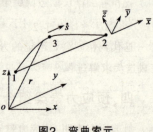

图2 弯曲索元

三、拉索单元理论模型

1. 形函数（图3）

平面索单元位移函数：

局部坐标系下拉索单元节点的位移向量为：

$$q = \{u_{ix}, u_{iy}, u_{iz}, u_{jx}, u_{jy}, u_{jz}\} \quad (3)$$

则单元内任一点的位移可表示为：$u = N \cdot q$。

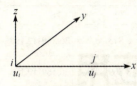

图3 局部坐标系

其中，N 为拉索单元形函数。

2. 索单元增量形式的平衡方程及总体刚度矩阵

考虑几何非线性影响时，索单元增量平衡方程[4]可写成如下形式：

$$[[K_L]+[K_{NL}]+[K_\sigma]]^{(n)}\{\Delta_u\} = \{f\}^{(n+1)} - \{f_R\}^{(n)}[K]^{(n)}\{\Delta_u\} = \{f\}^{(n+1)} - \{f_R\}^{(n)} \quad (4)$$

式中，

$[K_L]$、$[K_{NL}]$、$[K_\sigma]$ 分别为线性矩阵、变形的非线性矩阵和应力非线性矩阵；

$\{f\}^{(n+1)}$ 为 $(n+1)$ 步的外荷载向量；

$\{f_R\}^{(n)}$ 为 n 步的节点不平衡力向量。

整理上式得到索梁组合体系的总体平衡方程：

$$[K]^{(n)}\{\Delta U\} = \{F\}^{(n+1)} - \{FR\}^{(n)} \quad (5)$$

式中 $[K]^{(n)}$ ——总体刚度矩阵；

$\{\Delta U\}$ ——增量位移。

3. 方程求解

预应力索梁组合结构的成型过程中包括了从运动状态、初始预应力施加完毕的中间平衡状态到承受一定外载的弹性状态三个部分。无论是机构状态[5]还是具备一定整体刚度时，方程(5)总是存在的。

平衡方程的求解过程可由迭代法完成：

$$\{\Delta U\}_{i+1} = ([K]_i^{(n=1)})^{-1}\{\{F\}_i^{(n+1)} - \{F_R\}_i^{(n+1)}\}, \{U\}_{i+1}^{(n+1)} = \{U\}_i^{(n+1)} + \{\Delta U\}_{i+1} (i = 0, 1, 2, \cdots) \quad (6)$$

迭代到精度满足给定的力与位移的精度要求即完成迭代求解过程。

四、预应力索梁组合结构

目前研究表明，预应力悬索结构的内力分布、如何保证内力分布下结构的设计几何形状的实现等仍是目前该结构尚未完全解决的问题。索梁结构中只存在索、梁两种单元。由于索的预拉力作用，梁的存在使得整个体系的总的平衡矩阵的形成与平衡方程的性态变得复杂。体系总的平衡矩阵是描述体系各个单元的几何信息，只与体系有限元模型的各个单元节点的初始坐标和单元类型有关；平衡方程则描述的是初始几何构形下的单元内力的平衡关系。本文利用上述索元本构关系对一预应力索梁结构作了分析讨论，尝试采用索、梁单元分开分析的方法对其进行了理论探讨与应用研究。

1. 平衡方程

根据虚功原理，分开考虑索、梁对刚度矩阵的贡献。体系的平衡方程的广义表达式可写成如下形式：

$$[A]\{t\} = [A_c \ A_b]\begin{Bmatrix} t_c \\ t_b \end{Bmatrix} = [A_c]\{t_c\} + [A_b]\{t_b\} = \{F\} \quad (7)$$

式中 $[A]$ ——平衡矩阵；

$\{t\}$ ——单元的内力向量；

$\{F\}$ ——节点荷载矢量；

$[A_c]$, $[A_b]$ ——分别为索、梁单元的平衡矩阵；

$\{t_c\}$, $\{t_b\}$ ——分别为索、梁单元内力向量。

2. 预应力确定

悬索结构因其整体力学性能与先前施工过程中索内预拉应力大小有直接关系。因引索内初始应力的确定是关键的问题。本文采用最小势能原理[6]来确定索内预拉应力，从而保证屋盖结构因施加预应力所完成的功最小。即：

$$\delta M_{\{U\}} = \sum_{i=1}^{k} \frac{\partial M_{\{U\}}}{\partial t_{ki}} \delta t_{ki} = 0 \quad (8)$$

由上式可求出内力分量 $\{t\}$，代入方程(7)中即可得结构的预应力分布。

五、工程实例

北方某场馆屋盖采用预应力索梁张拉结构。空间模型如图2所示。梁顶标高17.500m，跨度91.280m，半径199.16m；其上悬索采用 $\phi 5mm \times 241mm$ 的高强度平行钢丝束，用来抵抗屋面重量。平面投影为长方形，长向188m，柱距17.1m，共12榀，每榀之间由支撑和檩条相连。桅杆顶标高33.000m，其中下桅杆高12.650m，底部宽2.900m，上桅杆高20.35m，向外倾斜5°。桅杆、斜

研究探索

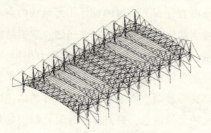

图4 三维模型图

撑、水平撑杆及拱梁通过销轴实现理想铰接,整体结构通过下拉索施工预拉力成型(图4)。

1.结构离散模型

该结构在分析中除主索外,其他索单元以杆元模拟,并限制其为只拉单元,当轴力小于零时退出工作。主索单元采用本文提出的弯曲索元。需注意的是,预应力索梁结构由零状态至初始张拉具备一定的刚度的过程中包括了机构运动和弹性变形两个方面。在施工过程中位移较大,要考虑其几何非线性的影响。本文拟采用的计算模型如图5所示。

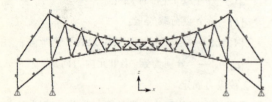

图5 单榀结构计算模型及杆件编号

2.工况分析

为反映施工过程中构件的受力情况,仅分析了结构自重、索预张拉作用及屋面恒载的作用。相应的工况主要有:

(1)恒载;
(2)恒载+施工荷载;
(3)恒载+施工荷载+下拉索预拉力;
(4)恒载+下拉索预拉力+屋面荷载。

在分析过程中应明确一旦体系具备了一定的整体刚度结构呈现的线性性能,小位移假设即获满足。体系的初始几何构形为结构的设计构形,具体分析时采用类似桥梁结构中常用的反拆法[7]进行。

3.结果讨论

对于拱梁来讲,分析开始进行了分步加载,节点的位置变化情况如图6所示;对于索就位后在消除施工荷载及屋面荷载的施加过程中的位置变化如图

7所示。拱梁上控制节点的位置在施工完毕后的结果与设计值的对比如图8所示;索内力的对比如图9所示。索长对比见表1。

索的下料长度　　　表1

索编号	1	7	21	32	30	26	27
本文结果长度(m)	5.556	7.818	10.603	8.873	8.989	26.569	12.198
实际施工长度(m)	5.556	7.819	10.598	8.869	8.906	26.569	12.198

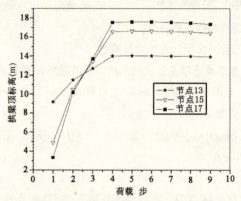

图6 拱梁顶面标高随加载过程的变化

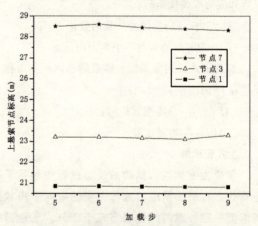

图7 索就位后随加载过程的变化

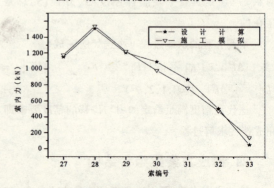

图8 拱梁顶面标高对比

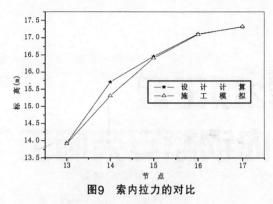

图9 索内拉力的对比

索的下料长度对比如表1所示。

经分析,最终的索内拉力满足《索结构设计与施工规程》中对承载能力的要求;拱梁的跨中挠度满足《钢结构设计规范》GB 50017—2003 中对大跨结构的正常使用极限状态的要求。从而看出,本文提出的索单元列式符合主索的真实力学性能及受力特点。

六、结论

本文通过有限单元理论提出了一索单元列式,根据能量原理讨论其本构方程,结合数值模拟给出了平衡迭代列式的求解过程。通过一对预应力张拉索结构的分析,验证了本文方法对截面尺寸大的索单元截面性能对其力学行为的影响。结果证实,充分理解张拉整体结构中不同受力特点的索单元力学性能,准确认识索元实际力学性能,能够实现此类强几何非线性结构体系的荷载效应预先控制,从而保证工程的安全可靠。

参考文献:

[1]沈士钊,徐崇宝,赵臣.悬索结构设计.北京:中国建筑工业出版社,1996:131.

[2]刘锡良.现代空间结构.天津:天津大学出版社,2003:5.

[3]DANIEL, L.SCHODEK. Structure. Pearson Prentice Hall,2004:185–207.

[4]王勖成,邵敏.有限单元法基本原理和数值方法.北京:清华大学出版社,1997:43–46.

[5]TIBERT.G.Numerical Analyses of Cable Roof Structures.Sweden:TRITA–BKN Bulletin46,1999:9.

[6]张其林,张莉,罗晓群等.预应力索屋盖结构的形状确定.上海:同济大学学报,2000,28(4):379–382.

[7]郭正兴,汤荣之,梁存之.预应力索–拱钢屋盖群索张拉优化研究.南京:第七届后张预应力学术交流会,2002.

小资料

"十一五(2006-2010)"期间,铁道部共要修建548座新客站,总投资规模约1500亿元,未来,在全国将建成六大枢纽性的客运中心和十大区域性客运中心。

按照铁路客站的规划,"十一五"期间,铁路系统将投资1500亿元新建或改建548座客站,并在全国建成六大枢纽性的客运中心和十大区域性客运中心。按照城市等级分,省会级以上城市客站25座,地级城市客站95座,县级城市客站428座;如按照铁路等级来分,则客运专线要建158座客站,城际客站是83座,一般干线客站是292座,北京、上海、广州、武汉、成都与西安将成为全国枢纽性客运中心。

以往铁路客站过于专注运输功能,而忽略了旅客感受。数量少、规模小,且由于管理体制的问题,跟其他交通工具缺乏紧密的联系,公交、地铁都只能在车站广场外乘坐,同时功能也单一,设备陈旧,建筑造型不够美观。新一批客站建设将最大限度地满足旅客需求。"具体内涵就是功能性、系统性、先进性、文化性和经济性"。

新一代客运站要尽可能提供方便舒适的乘车环境,并在客站规划时就强调铁路与城市地铁、公交、出租车等其他交通工具的无缝衔接。环保节能也会考虑在内,以适应可持续发展的需要,还要充分运用先进的建筑技术。

北京汽车博物馆等2项工程室内钢桥安装施工

于 雷

(中国新兴建设开发总公司,北京 100039)

一、工程概况

1.设计概况

北京汽车博物馆等2项工程,建筑面积49 058.9m²,位于北京市丰台区花乡四合庄村。为全世界最大汽车类博物馆。

建筑物外形呈"眼睛"状,由国外设计师设计。建筑功能为汽车历史的展览、汽车知识的普及和汽车科技的演示等,造型独特、功能齐全、设施完善、交通便利、园林景观、节能降耗、独特照明、人性化建筑、智能化建筑。

本工程地上五层,地下一层。建筑物总高度49.345m,地下一层层高6.12m,首层层高9.18m,二层至五层层高均为6.12m。

2.钢桥概况

建筑物中厅位置为采光井,西侧设自动垂直汽车循环展梯。为能全方位欣赏汽车的各个细节部位,围绕展梯设置三座室内钢桥(见图1)。

室内钢桥为箱型结构,材质为Q235B,共三座,分别为从二层到三层、从三层到四层、从四层到五层,整体呈螺旋形,水平投影为圆弧。由于建筑物的本身结构致使三座钢桥的长度不一,水平投影分别为29.2m、30.1m和30.9m。内部是由20mm和30mm厚的钢板拼装成的箱型结构,宽3.5m,箱体高1.2m,上有箱型栏杆扶手,高度1.45m,总重约为330t(图2)。

钢桥设计包含桥身和桥支座等两部分 (图3)。其中桥支座主梁包含预应力钢骨混凝土梁钢骨为H1 000×400×45×40、H800×400×45×40、H800×200×45×40;普通钢骨混凝土梁钢骨为H1 000×300×40×30;纯钢梁为H1 000×400×16×30、H1 000×200×20×30、H600×1200×30;次梁为H1 000×200×20×30(图4、图5)。

图1 室内钢桥效果图

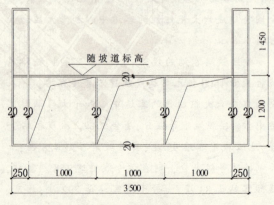

图2 桥身剖面图

工程实践

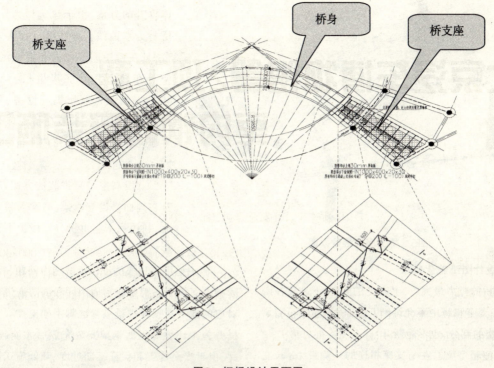

图3 钢桥设计平面图

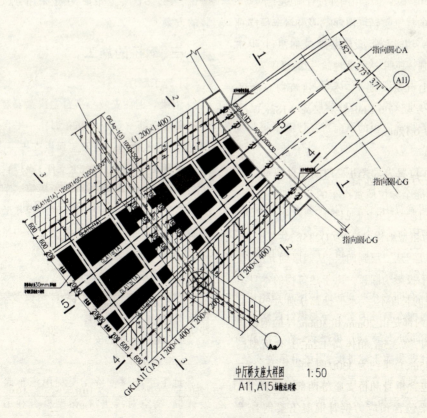

图4 桥支座平面图

工程实践

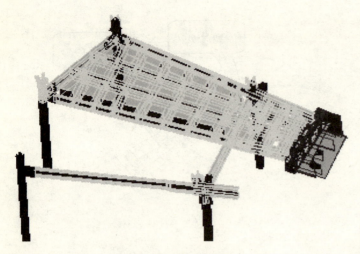

图5 桥支座三维效果图

3.设计图纸施工要求

因桥的应力最大点，上表皮在支座、下表皮在跨中，故在支座和跨中不允许断开，与桥相连的箱型梁两侧伸出的部分，也不能断开；

支座箱型梁，在与支座相连的一侧带1m长左右在工厂整体加工；

与桥身相连的一侧，根据提升的需要应适当地带出一定的长度，原则上带出桥身长度不小于500mm；

任何位置不得出现焊缝三次交叉；

所有焊缝为1级焊缝，100%探伤；

钢桥箱体盖板、底板的纵向拼接焊缝不得与加劲肋重叠。

二、施工方案的选择

由于设计明确提出：综合考虑质量和安全因素，钢桥不允许现场散拼。要求在加工厂分段加工，现场地面预拼装后，高空拼装，而且桥支座部分的箱型梁两边必须各带出约1m的牛腿。

由于工地现有的塔式起重机不能满足钢结构桥的安装要求及结构本身等因素，经与设计院沟通确定：钢桥分成三部分安装，即：桥平台、桥支座和桥身。其中桥平台安装随土建进度，用塔吊吊装安装；桥支座利用汽车起重机直接吊装就位，高空与桥平台对接组焊接；箱型桥身吊装有两个方案选择：整体液压提升和分段高空拼装。

钢桥桥身采用现场地面拼装、整体提升的方案：由于建筑物为异型，且桥身为双曲线；液压提升设备需要六台，且在桥中间部位两侧搭设塔架（塔架需在地下基础底板生根，高度约40m）安装两台液压提升设备，另外四台液压提升设备安装在桥支座伸出的牛腿处；最上层的钢桥高度达27.44m。

分段高空吊装拼装的方案：箱型桥身在地面搭设支撑架，高度为桥身下表面，利用汽车起重机分三段由下至上安装施工。

考虑地下室顶板的设计承载能力问题，不管是哪种方案施工，都要在室内中厅和消防通道部位相对应的地下室顶板搭设满堂红脚手架支撑，且整体提升施工还要等屋面钢架安装完成后才施工，因此，出于安全施工和保证工期进度、降低施工成本的考虑，经过多次专家论证，决定采用分段高空吊装拼装的方案。

三、钢桥的施工

1.施工顺序

钢梁、钢柱安装→平台主次梁安装→平台板安装→平台钢筋（预应力筋）绑扎→平台混凝土浇筑（强度达到100%）→地下室顶板支撑→支座安装（随土建进度由下往上，共六个支座）→搭设一层胎架→吊装一桥第一节桥身→吊装一桥第二节桥身→吊装一桥第三节桥身→一桥桥身调整焊接验收→搭设二层胎架→依次吊装焊接二桥、三桥→整体验收→卸载（从上往下）施工。

2.现场施工过程

（1）桥平台主次钢梁、平台钢板等随土建进度进行施工（参见图6、图7）。

（2）钢桥支座的安装

a.准备工作

地下室支撑：桥支座利用汽车起重机直接吊装就位，高空对接组拼；箱型桥身利用汽车起重机分段吊装，高空组拼施工。中厅地下室顶板、消防通

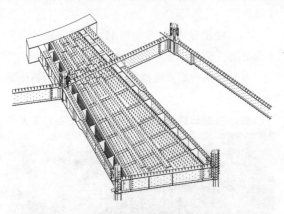

图6 桥平台钢结构三维图

图7 桥平台现场安装

道地下室顶板上需汽车起重机、钢构件运输车、汽车起重机配重运输车在上面进行行驶、吊装施工作业,因作业荷载超出结构设计承载能力,需要进行结构顶板的卸载。对中厅地下室顶板、消防通道地下室顶板采用满堂支撑架(碗扣式)支撑体系进行支顶。

汽车吊的选择:本工程共有六个支座,分布在结构的南北两边,即南边(A15~A16之间)有三座,北边(A10~A11之间)有三座。根据桥支座的重量(12t左右)和吊装高度、距离,选取40t汽车吊。

b.现场施工

平台混凝土浇筑强度达到设计强度值的100%,且地下室顶板支撑验收合格。六个支座随土建进度由下往上进行安装(参见图8、图9)。

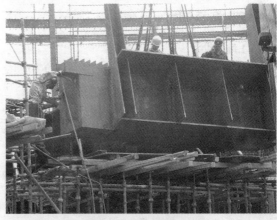

图8 桥支座现场安装

图9 桥支座与桥平台现场连接

(3)桥身安装

a.准备工作

胎架的制作:搭设第一层桥的胎架。胎架采用独立塔架承重体系,立杆选用159×10的圆钢管,横缀条和斜缀条选用89×4的圆钢管,四个立杆组成一组塔架,立杆间距1.5m,在桥支座与桥身处设置一个独立承重塔架,在桥身与桥身的接口处每处设置两个独立承重塔架,每座桥共设置六组塔架,来支撑桥身的重量。塔架的顶面标高与桥身底板的高度大体一致。

汽车吊选型:根据现场环境、吊装距离及高度、吊车的吊装性能、吊装环桥重量(最大41t)等因素的综合考虑，选用160t汽车起重机。

b.桥身吊装

第一座桥身吊装(参见图10、图11)：中厅箱型桥对接采用连接板+螺栓的方法进行对接，以保证腹板和翼缘板的直线度和平行度。现场施工情况参见图12、图13、图14、图15、图16。

四、钢桥卸载

1.卸载设计

从变形和应力计算，钢桥在自身重量下最大变形为2.73mm，不到跨度的1/10 000，且最大变形位置位于钢桥跨中截面，同一截面弧度外侧变形较弧度内侧变形偏大。

2.卸载顺序

第三座桥支撑架→第二座桥支撑架→第一座桥支撑架。

第二座桥身吊装(参加图17)：在第一座桥身上支设塔架。安装过程参见图18、图19。

从钢桥的中心点支撑架往两边依次进行拆除卸载。

每座桥的卸载顺序为：从钢桥的中心点支撑架

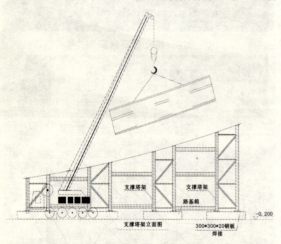

图10　第一座桥身吊装示意图

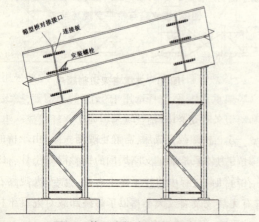

图11　第一座桥身连接示意图

图12　第一座桥安装塔架

图13　第一座桥身第一段吊装

图14　第一座桥身第二段吊装

图15　第一座桥身吊装调平

图18　第二座桥身现场吊装

图16　第一座桥身吊装完成效果

图19　第三座桥身安装

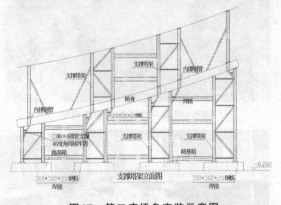

图17　第二座桥身安装示意图

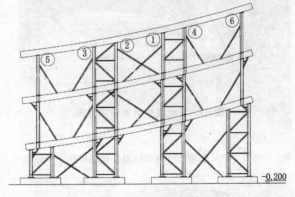

图20　支撑塔架切割顺序

往两边依次进行拆除卸载。

卸载时间为：上午十点到下午两点半。

3．卸载方法

采用水平切割卸载的方法，每次水平切割卸载量为火焰宽度大约3mm，一步一步切割卸载，直至将这个支撑卸载完成。然后将支撑架吊出。

支撑塔架切割顺序(见图20)。

三桥卸载完成后，需静止观测一天。由于桥的设计传力体系是通过支座周围的钢骨混凝土柱，因此在桥卸载过程中将柱子涂上石膏，派专人观察石膏有无裂纹及裂纹大小，以了解桥卸载对混凝土柱子的影响，保证结构安全。

北京汽车博物馆工程施工测量技术

祖耀平，张存锦

(中国新兴建设开发总公司，北京 100039)

一、工程概况

北京汽车博物馆等2项工程，位于丰台区花乡四合庄村，总建筑面积49 058.9m²，地上五层，地下一层，建筑总高度49.345m，基础最深处标高-10.86m。该工程为框架-剪力墙结构，主体结构部分采用了型钢混凝土组合结构。

该工程建筑造型独特，外立面由曲面金属和玻璃幕墙叠合而成，生动而富于变化，有着浓郁的现代气息(图1)。

屋盖为大跨度钢网壳结构，采用了独特的双曲面金属屋面造型(图2)。

建筑平面从空中俯视犹如镶嵌在大地上的一只明亮的眼睛(图3)。

该工程平面由15个不同圆心和不同半径的圆曲线交汇而成(图4)。

中心天井的造型为圆锥体一侧铅直后形成的不规则的锥体，给精确测设各层的栏板带来了很大的难度(图5、图6)。

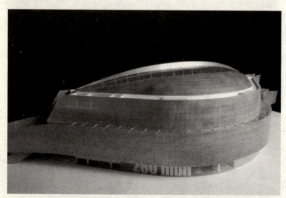

图1 由曲面金属幕墙和玻璃幕墙组合而成的外立面效果

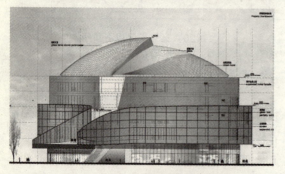

图2 双曲面金属屋面造型效果图

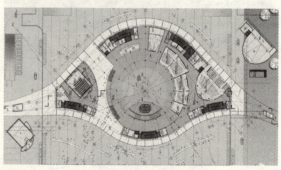

图3 酷似"眼睛"的平面造型

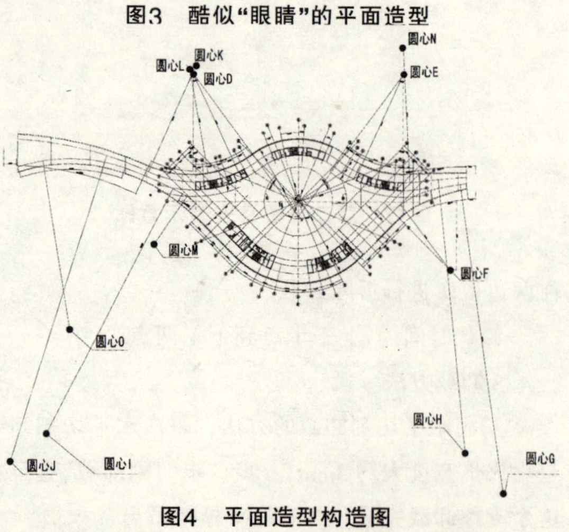

图4 平面造型构造图

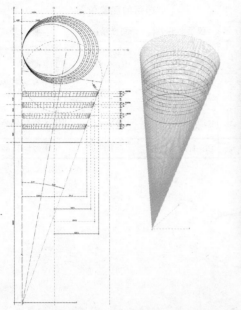

图5 中心天井造型示意图

图6 中心天井内设有旋转钢天桥

二、测量放线的重点和难点

1.测量难度大

建筑平面由15个不同圆心和半径的圆弧曲线交汇组合而成。主体结构框架柱均为圆形截面,共67根。中心天井呈不规则的锥体形状,带有螺旋形钢天桥。屋面为复杂双曲面造型。复杂的建筑造型给细部测量带来了很大的难度。

2.工作量大

本工程不规则的曲线和曲面多,为精确测设复杂曲线和曲面,需要测设的控制主点远远多于一般工程。经统计,每进行一次楼层放线,要测设至少200

个控制主点,提取数据和现场操作的工作量很大。过大的工作量不仅需要投入较多的人力,而且很可能会影响到施测的精度。

3.测量精度要求高

本工程建筑造型复杂多变,主体结构施工期间有钢筋混凝土结构、型钢混凝土组合结构、钢桁架屋盖安装、幕墙预埋等多工种穿插施工。为确保各部位、各工种定位测量的起始依据准确统一,本工程首级导线控制网要求达到一级导线网的精度要求,建筑物平面控制网要求达到一级平面控制网的精度要求,高程控制网要求达到三等水准精度要求。

三、采用的测量技术和方法

1.本工程测量工作实施原则

本工程测量工作实施原则为:遵循先整体后局部的工作程序,每一级测量的精度均要符合要求,从而确保整体测量的精度。具体流程如图7所示。

测设场地导线控制网 → 测设建筑物平面控制网 → 细部放线

图7 测量工作流程图

2.确保测量精度的措施

(1)选用先进的测量仪器(表1)

(2)重新测设场区一级导线控制网

汽车博车馆主体结构是由15个圆心和不同半径组成的曲线形建筑物,因主体结构施工过程中有多个专业同时施工,如钢结构安装、幕墙预埋等。根据以上情况为了确保整个工程起始依据准确统一,本工程平面控制采取两级控制。首级控制为场区一级导线网,主要作为整个工程各个工种控制测量起始依据及建筑平面控

选用的测量仪器　　　表1

序号	仪器名称	测设精度	使用部位
1	GTS-7001 全站仪	±(2mm+2× 10−6·D)	用于平面控制网和主点测设
2	NA005A 精密水准仪	±0.5mm	用于高程控制网的测设
3	NA828 水准仪	±2mm	用于楼层标高引测
4	PL-1 铅垂仪	±10"	用于竖向投测

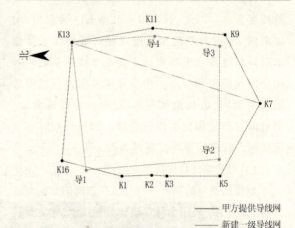

—— 甲方提供导线网
—— 新建一级导线网

图8 新建场区导线控制网平面布置图

制网的测设与校核。二级控制为一级建筑物平面控制网,主要作为首层以下测量控制。

本工程土方工程由外单位分包施工,在我公司进场交接时,技术人员对场区控制网进行了校

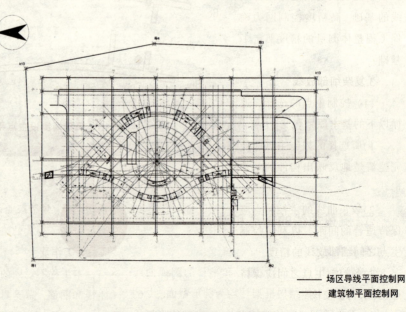

—— 场区导线平面控制网
—— 建筑物平面控制网

图9 建筑物控制网平面布置图

两级控制网的实测精度				表2
	边长相对中误差精度控制标准(一级)	边长相对中误差实测精度	测角中误差精度控制标准(一级)	测角中误差实测精度
场区控制网	1/40 000	1/50 000	±5″	±3.9″
建筑物控制网	1/24 000	1/30 000	±8″	±7″

核,只能达到三级导线的精度,不能满足一级导线的精度要求。因此,我们以东北侧K13为起始点,以南侧K7点为方向重新按规程一级导线主要技术指标精度要求重新测设了场地导线控制网。采用全站仪测角和测距,角度观测采用方向观测法测量两测回,边长测量两测回,并进行往返测量,测量前对所使用仪器进行检验,选择有利时间实施观测。新建的导线控制网如图8所示。

(3)测设建筑物一级平面控制网

根据已测定的场区一级导线控制网的坐标与建筑物坐标关系,采用全站仪坐标放样技术,建立建筑物一级平面控制网,如图9所示。

两级控制网的实测精度见表2。

从表中数据看出,我们实测的两级控制网的精度均高于规程规定的一级控制网的精度要求。控制网的精度是细部放线的基础,高精度控制网为确保工程整体测量的精度奠定了基础。

3.复杂细部放线

(1)控制主点的选择应遵循以下的基本原则:

1)所选择的控制主点应能完整清楚地反映出构件的基本形状。

2)较长曲线的主控制点应保持适合的间距,以利于控制主点之间细部放线的精度。

3)各控制主点之间应保持通视,以利于校核。

4)控制主点的数量不宜过多。

(2)下面举例说明曲线部位测设主点的选定

1)弧形墙测设主点的选择(图10)

对于弧形墙,我们一般将测设主点设置在径向轴线上,相邻测设主点要保持适宜的距离,如距离过大,会影响控制主点之间弧形墙测设的精度,如距离过小,则设置的测设主点数量过多,会增大测量工作量。我们根据实际情况,一般将相邻测设主点之间的距离控制在15m左右。

2)圆柱测设主点的选择

对于独立圆柱,我们一般需要设置四个测设主点才能控制其平面位置,如图11所示。

如按照这种方法设置测设主点,本工程每层有67根圆柱,需要设置268个测设主点,其坐标值的提取和现场测量的工作量无疑是很大的。

我们对本工程的柱网布置图进行了分析,发现对于处于同一径向轴线上的多个圆柱,只需设置两个测设主点就可以同时确定它们的位置,如图12所示。按照这种方法,可以使测设主点的数量成倍地减少,减轻了测量放线的工作量。

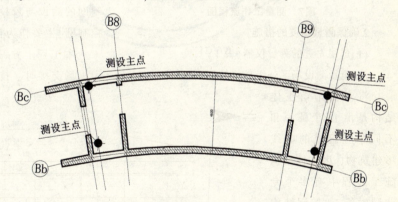

图10 弧形墙测设主点平面布置图

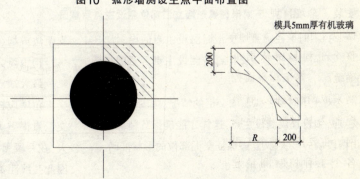

图11 独立圆柱边线放线示意图

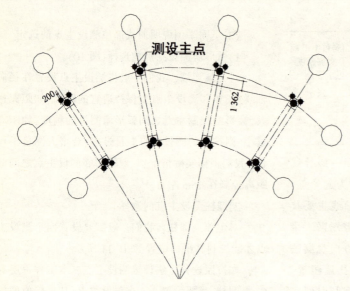

图12 圆柱测设主点的设置

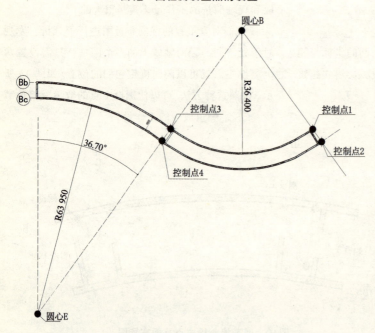

图13 不同半径弧形墙交汇部位测设主点示意图

3）不同半径圆弧墙交汇时测设主点的设置

不同半径弧形墙交汇部位测设主点示意图如图13所示。

对于不同半径弧形墙交汇的情况，两段圆弧墙的交点必须设置成测设主点，这样才能确保既精确测设出两段墙的形状，又能够保证交汇部位的形状准确。

(3)主点坐标数据采集

我们利用AutoCAD软件，依据设计图给定的中心圆圆心坐标及其他圆心与中心坐标关系、主半径方位及其他设计数据制作电子版施工图。然后利用CAD软件的查询和捕捉功能，将所需各点的坐标捕捉下来，最后将查询的数据编辑为全站仪文本格式，通过电脑与全站仪连机，将数据传输到全站仪储存器内，作为测设的依据(图14)。

(4)采用全站仪测设主点

采用全站仪坐标放样程序进行测设，具体方法是：将全站仪安置在控制点上，经对中、定平、设置参数后，先进入坐标放样模式，输入测站点坐标、仪器高、标靶高、输入后视点坐标，最后精确照准后视点，仪器根据测站点坐标和后视点坐标自动完成后视点方位角的设置。然后调出在仪器内已储存的测设点坐标，仪器显示出要旋转的角度，旋转仪器的照准部，所显示的水平角读数为零时，此时照准的方向即为测点的方向，仪器操作人员指挥持棱镜人员到待放样点附近，通过测量仪器显示出距放样值与实测值之差，指挥持棱镜的测量人员，沿照准方向移动标靶，直到观测屏幕上的显示值为0.000m时，确定点的位置。其过程可用如下流程，如图15所示。

(5)曲线的测设方法

常用的曲线测设方法有三种，分别是距离交汇法、中央纵距法、弦线支距法或切线支距法。哪种方法是最适宜的呢？

1）距离交汇法

最大缺点是测设的精度很难保证，该方法要求交汇角度应控制在30°~120°，大于120°或小于30°时交汇点误差大，精度难以控制，因本工程曲线半径大，在一段弧线测设时交汇角度大于120°接近180°，因此弦线距离交汇不适应本工程。

弦线交汇时接近垂直相交，精度可控性较好。

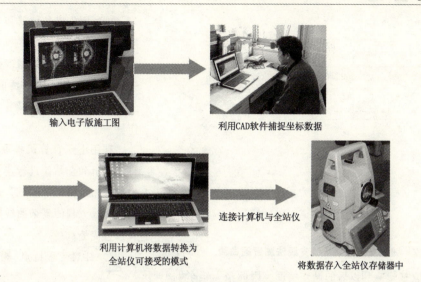

图14 主点坐标数据采集流程图

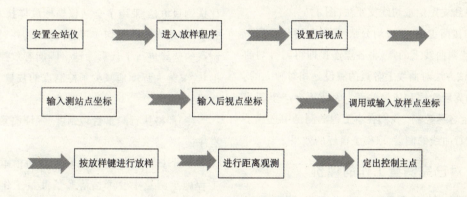

图15 采用全站仪测设主点的流程图

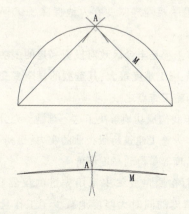

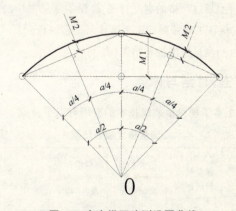

图16 中央纵距法测设圆曲线

切线交汇时接近相切,精度难以控制。

2)中央纵距法(图16)

测设时对两主点之间的弦取中,量取中央纵距(失高),测定出待测曲线的中点,用同样方法,由测定出的曲线中点测定出1/4曲线点,将这些测定出的曲线点连接,即得到待测曲线。这种测设方法因有重复取中、量距的过程,往往会产生积累误差,前一步

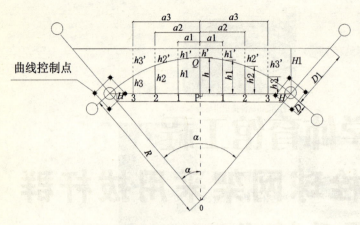

图17 弦线支距法或切线支距法测设圆曲线

测设的误差会直接影响到以后的操作精度,因此精度控制起来也比较困难。

3)弦线支距法或切线支距法(图17)

先连接两主点,然后均取分弦,量取各均分点的矢高,得到待测曲线上的点,将各点连接即得到待测曲线。由于该方法对曲线上各点的测设是相对独立的,无严格的先后次序和依赖关系,因此不会产生积累误差,精度容易控制。我们在本工程的测量中选择了该方法进行曲线的测设,取得了很好的效果。

四、对已完测量工作的评价

(1)做到了一次测量合格,在监理公司专业测量工程师的检查中做到了合格率100%。

(2)通过严格的制度管理,确保了测量工作的及时性,保证工程按照既定进度计划正常进行。

(3)测量精度控制结果(表3)

五、总结与体会

1.本工程测量放线技术的应用有以下特点

测量精度控制结果　　　表3

	边长相对中误差精度控制标准(一级)	边长相对中误差实测精度	测角中误差精度控制标准(一级)	测角中误差实测精度
场区控制网	1/40 000	1/50 000	±5″	±3.9″
建筑物控制网	1/24 000	1/30 000	±8″	±7″

(1)利用先进的仪器和工具提高测设精度,简化测设程序。

本工程使用了高精度全站仪,利用先进测量仪器的优越性能和电子化程序,解决了测设精度问题,大大减轻了工作量。

利用电子计算机提取控制点数据,将计算机和全站仪进行连接,简便精确,为精密测量奠定了基础。这对于解决不提供曲线方程的复杂曲线的测设问题具有独特优势。

(2)针对工程特点,制定先进、适用的测量方法。

本工程在充分分析建筑物造型特点的基础上,优选测量方法,采用了全站仪坐标放样技术、弦线支距法、切线支距法等切实可行的方法,并对曲线主控制点的选择进行了认真筛选,既能有效控制曲线的形状,又最大程度地减少了控制点的数量,减轻了工作量。

(3)严格执行测量管理制度,保证测量工作严肃有序。

一个良好的制度是做好工作的根本保障。本工程施工测量中,严格落实了测量工作"三级管理"、"层层校核"的管理办法,即项目部测量完毕后,由公司进行验线,合格后可报监理验线,严格的工作程序及管理制度有力地保障了工程进度和放线质量。

2.本工程是丰台区政府投资兴建的多功能高智能化建筑,施工难度很大,其造型的复杂多变使测量放线成为施工难点之一

由于我们成功地解决了这一难题,充分展现了总公司作为施工建筑特级企业的实力,得到了业主、设计和监理等单位的高度评价。

我们在测量放线中采用先进的仪器和方法,在确保精度的同时大幅度地减少了工作量,使测量放线的效率大大提高,节省了人工,加快了施工进度,降低了现场管理费用,其综合经济效益是显而易见的。

北京科技大学体育馆工程大跨度螺栓球网架采用拔杆群外扩法整体提升技术

◆ 李铁良

(中国新兴建设开发总公司，北京 100039)

摘　要：本文介绍了北京科技大学体育馆工程大跨度螺栓球网架吊装方案的优化，采用拔杆群外扩法整体提升技术的实施过程，并与同类方案进行了经济效益的对比分析。

关键词：螺栓球，网架，外扩法提升

一、工程总体概况

北京科技大学体育馆是 2008 年北京第 29 届奥运会柔道、跆拳道比赛场馆，可容纳观众 8 000 多人，总建筑面积 24 662.32m²。

钢网架部分分为比赛馆网架和游泳馆网架，比赛馆网架面积 8490m²，最大跨度 110.55m、网架厚 3.9~5.5m，比赛馆钢网架约 570t。游泳馆网架面积为 1 800m²，最大跨度为 60m、网架厚 2.0~3.2m，游泳馆钢网架约 60t。本工程钢结构施工总吨位约 795t。

1. 工程简介(表1)
2. 工程重点与难点分析

(1) 工期和现场条件的制约。由于本工程是新建 12 个奥运场馆中最后一个开工的项目，工期紧、任务重，钢网架从开始加工到安装完成计划工期为 92d，由于现场狭小，施工作业面紧张，没有大型机具位置，杆件堆放和垂直运输困难，工期显得十分紧迫。必须论证选择一种适合现场的安装方法。

(2) 散拼和滑移方法实施难度较大。大跨度螺栓球网架最常用的是空中原位散拼，但本工程要搭设满堂红脚手架，经计算需要架子钢管约 2 300t，搭设时间需要 30d，本工程工期不允许，如果采用滑移方法安装，本工程平面不是矩形，滑轨安装难度很大。

2.3 大跨度螺栓球网架整体提升适合于本工程现场条件。但是，操作风险也很大，国内同类工程曾经发生过结构破坏和杆件失稳的事故，如果在此技术上面有所突破，将会在我国大跨度螺栓球网架整体提升安装技术的发展上起到示范和推动作用。

3. 需解决的关键技术问题

(1) 解决吊点处高强螺栓受剪问题。由于网架结构的外荷载按照静力等效原则，将节点所辖区域内的荷载集中作用在节点球上。结构分析时忽略节点刚度的影响，假定节点为铰接，杆件只承受轴向力。因此在网架吊装过程中要尽量减少杆件所受的剪切力，防止高强螺栓因承受剪力而失效。

(2) 解决网架吊装过程中同步控制措施。满足规

工程实践

工程简介 表1

工程名称	北京科技大学体育馆(2008年奥运会柔道、跆拳道比赛馆)
工程地址	北京市海淀区学院路30号
建设单位	北京科技大学
勘察单位	北京市勘察设计研究院
设计单位	清华大学建筑设计研究院
监理单位	北京远达国际工程管理有限公司
监督单位	北京市建设工程质量监督总站
总包单位	中国新兴建设开发总公司
网架规模	钢结构总面积：10 290m² 游泳馆面积：1 800m² 比赛馆面积：8 490m²
钢结构类型	比赛馆：正交正放桁架式螺栓球节点网架 游泳馆：正交斜放桁架式螺栓球节点网架
钢结构工程主要内容说明	1.游泳馆网架：螺栓球节点，网架下弦球节点标高为：8.700m；上弦球节点标高为10.700~11.900m。网架结构自身找坡，排水坡度为4%，基本网格尺寸为：2 653mm×2 653mm，网架的投影平面尺寸为30m×60m，支撑形式为：26轴网架上弦支撑，30、G、S轴网架下弦支撑。 2.比赛馆网架：螺栓球节点为主，部分采用板节点，网架下弦球节点标高为：18.100m；上弦球节点标高为：22.000~23.600 0m，网架结构自身找坡，排水坡度为4%，基本网格尺寸为：3 750mm×3 750mm，投影平面尺寸为：76.8m×110.55m，网架下弦周边支撑
材质要求	网架材质要求：网架杆件采用直缝高频管或无缝钢管，直径不小于140mm采用Q345B级钢；小于140mm，采用Q235B级钢。螺栓球材质采用45号钢，高强螺栓材质采用40Cr，质量等级为：不大于36时为10.9S，不小于39时为9.8S，封板或锥头小于140mm，采用Q235B；不小于140mm，采用Q345B级。网架支座、下弦吊挂件钢板及连接板材质均为Q235B，套筒材料选用：不小于M36时，采用45号钢；小于<M36时，采用Q235B级钢

范要求提升高低差吊点间距的1/400，且不大于100mm。

(3)选择整体提升机具和方法。提升时受力尽量与网架设计受力状态接近，尽量减少网架杆件在吊装与使用过程中的拉压转变。尽量对原网架构件不造成影响。

4.方案的实施过程及结果

(1)比赛馆网架是本工程钢网架吊装的重点，其平面尺寸为110.55m×76.80m，面积为8 490m²，网架重量为570t。我们总结2008年奥运会老山自行车馆焊接球网架的吊装经验、吊装过程应力应变实施观测结果，提出了大跨度螺栓球网架采用拔杆群整体吊装的想法，方案经过多次专家论证并认可。

(2)网架施工方法选择

根据现场的实际情况，我们经过技术、安全、质量、进度等方面的综合分析，采用地面低空拼装、向外扩拼、整体提升的施工方法，其优点如下：

1)整体吊装由于在地面拼装，便于监理单位、建设单位、质量监督站等质监人员进行现场随时检查。

2)整体吊装减少了搭拆脚手架的时间，为工程的进度及后续工程施工节省了一定的工期。

(3)整体吊装施工方法与满堂红脚手架比较

满堂红脚手架高空散装法：此种施工方法比较保险，风险小，工法成熟，但需要在施工场地内搭设满堂红承重脚手架，例如：与本工程类似的北京大学体育馆工程、中国农业大学体育馆工程，均采用满堂红脚手架高空散装法。中国农业大学体育馆，钢结构总重量为500多吨，所使用脚手架约为1 000t左右，搭拆的施工周期较长，而且满堂红脚手架对现场地基承载力要求较高，且其他专业无法交叉作业。

(4)整体吊装方案的优选过程

由于目前国内螺栓球没有大型吊装工程的先例，所以我们在2006年8月4日编写的施工方案为：游泳馆网架整体提升，比赛馆网架划分为A、B、C三块分块提升，然后在两片网架对接处搭设承重脚手架，利用脚手架体系安放油压千斤顶，同时对两片网架的挠度标高进行局部调整，然后散装杆件，保证散拼部分网架的挠度曲线与网架整体挠度曲线平滑过渡，但挠度曲线仍存在不平滑过渡的技术风险。

我们通过2006年10月7日对游泳馆网架的整

体吊装法,对螺栓球网架整体吊装积累了宝贵的经验,同时,印证了自主创新"C型凹槽装置"能保证螺栓球整体吊装,我们对同步观测及网架挠度测量方法进行了改进,取得了良好的成效。

在比赛馆网架施工过程中,对比赛馆网架的施工方案进行论证优化,同时在2006年10月25日,再次邀请了上次施工方案论证的五位"08办"资深专家,对优化后的施工方案进行再次论证,优化后的施工方案将比赛馆网架空中三块对接改为在地面从网架中间向四周扩散拼装,逐格扩拼,逐步提升。最后利用28根拔杆群600人工推动56台绞磨对网架进行整体吊装,此种方案的改进有效地解决了网架空中对接会出现挠度曲线不平滑过渡的问题,同时取消了承重脚手架,从而缩短了施工周期,降低了施工措施费的投入,实现了"五统一"的原则。

(5)施工方案的技术支持

网架吊装方案验算的过程中,设计院网架设计专家采用"浙江大学空间钢结构网架软件"MST2005对本工程游泳馆网架、比赛馆网架进行了实体模拟吊装验算,经验算,网架吊装挠度、杆件长细比、杆件应力、高强螺栓拉力、套筒承压、锥头受力、螺栓球节点受力均能够满足受力要求。

同时网架的吊装受力经过网架原设计单位——清华大学建筑设计研究院设计专家的审核,确认无误后才开始施工。

5. 吊装方案的实施过程

(1)网架拼装过程

网架部分的螺栓球大、杆件粗,其中最大螺栓球BS400的质量为270kg,最重的杆件质量为286kg,现场条件有限,吊车无法使用,因此拼装时,用$\phi 89 \times 4$的钢管制作专用拼装吊具。

专用拼装吊装机具在地面操作,就可以解决看台地面高差大、不易拼装的难点。

(2)网架吊装节点的设置

针对吊装过程中,不允许高强螺栓受剪,我们通过对其他网架吊装,进行经验总结后,经过多次讨论研究,自主创新设计加工"C型凹槽"吊装保护装置。

1)用20mm厚的钢板根据每个吊点的螺栓球的大小,用气割放样割出2块弧形钢板,中间用3块20mm厚的钢板焊接连接起来,制作专用的"C型凹槽"夹具(马鞍子),中间的一块钢板割出一个$\phi 23$或$\phi 46$的工艺孔。

2)利用M45或M22的螺栓把"C型凹槽"夹具和螺栓球下方的工艺孔连接固定住。

3)拴吊索绳时,每根钢丝绳必须嵌套在夹具槽内,保证钢丝绳在网架吊装过程中不碰到杆件,使高强螺栓不受剪力。

(3)网架吊装实施步骤

比赛馆网架由于受现场施工条件的限制,网架在吊装时分为4个施工阶段进行外扩拼装施工:

1)网架整体吊装前需要进行试吊

试吊过程是全面落实和检验整个吊装方案完善性的重要保证,试吊的目的有三个方面:

①检验起重设备的安全可靠性;

②检查吊点对网架刚度的影响;

③协调指挥、起吊、缆风、溜绳和绞磨等操作统一配合的总演习。

网架拼装完毕经各方检验合格后即可开始网架整体吊装。

2)网架的提升过程

首先进行中心网架地面拼装施工,在拼装完成检验合格后,利用12根拔杆群,240人推绞磨,将该区域网架提升到可以拼装第一格网架的位置,进行拼装,拼装完成后,再提升,即采用边提升、边外扩拼装方法,直至网架全部拼装完成。进行网架的整体提升,在吊装过程中网架整体吊离地面1000mm时应停止下来,及时检查各吊点处的实际受力状况及各锚固点的安全程度,检查完毕后匀速起吊,确保相邻两个吊装点升差值控制在相邻点距离的1/400内,且不大于100mm。同时,将全部绞磨的锁紧装置锁死,然后对网架偏移就位。网架就位后,在网架和混凝土圈梁上铺设脚手架板对周边一格网架进行高空散装,利用现场搭设好的脚手架和圈梁以及圈梁与网架下弦之间铺的脚手架板进行散拼。散拼时先从14轴两侧开始往南北方向拼装,拼完一格后,把网架支座在圈梁上用铁楔子撑起来,支座可以分担部分拔杆支撑的力。

3)网架吊装同步控制措施

网架吊装同步控制在整个网架吊装过程中起

关键作用,网架的同步控制关系到整个网架吊装成功与否,我们在吊装过程中,在保证测量结果准确的前提下,保证方案实施可行,采取在网架的下弦杆件上悬挂8把30m的钢尺,在地面上设定统一的测量基准标尺,标尺上的刻度经过水准仪校核,然后在每个标尺下面配备一个专职观察员,在网架吊装过程中,悬挂在网架下弦杆件上边的钢尺会随着网架的不断提升,读数不断发生变化,观察人员通过观察钢尺上的读数向吊装总指挥报告网架不同部位的起升高度。另外用水平仪配合钢尺精准校核并保证数据传递准确无误。在提升过程中南北两端吊点90m的间距,提升高差在100mm以内,就位时高差在50mm以内。

4)网架空中偏移就位

网架由于受现场条件的影响,需要将网架投影在地面的位置向一侧错位600mm,拼装完吊装至高空后空中偏移就位,空中偏移就位具体的方法如下:

①在网架吊装时将网架提升高出设计标高200mm;

②将所有的绞磨、跑绳全部锁死;

③首先将两根缆风绳放松200mm,利用5t捯链将相反方向两根就位绳缓缓拉紧,同时将两根就位绳缓缓放松,两者配合反复多次将网架偏移600mm至设计位置。

6.网架整体吊装后实施的效果

(1)安全无事故

网架安装过程绝大部分在地面作业,完全杜绝了承重脚手架这个安全风险,安装和提升过程中没有发生任何安全事故。

(2)安装质量良好(表2)

网架的尺寸偏差、挠度偏差均在设计及《钢结构施工质量验收规范》GB 50205—2001规定的范围内。在吊装过程中由于网架吊装方案在实施前进行了系统的计算,在吊装完成后没有一根杆件在吊装过程中受力过大发生弯曲。比赛馆网架吊装就位后,84个支座、336个地脚螺栓孔均准确地到达预定的安装位置。经监理单位、建设单位、设计单位共同验收,安装效果良好。

(3)工期明显缩短

本工程选用整体吊装方案,在工程进度方面收到的效果十分可观。如果按照满堂红脚手架的施工方法,搭设满堂红脚手架的时间需要30日历天;拆除得20d。而网架拼装从地面转向高空存在垂直运输,增加了施工难度,拼装周期会更长。总工期需两个月左右。我们采用整体吊装方法,吊装拔杆的架设与网架的拼装可以同时进行,有效地缩短了施工周期,本网架从2006年10月18日开始拼装到网架吊装完成的11月8日,总的安装工期为20d。在所有奥运会施工的场馆中创造了一个奇迹,用20d完成了8 490m²、质量为570t的螺栓球网架的拼装、整体吊装。

(4)成本节约、省工、省时(表3、表4)

在经济效益方面,由于没有采用满堂红脚手架,节约了此部分脚手架的租赁、搭设、拆除费用。在地面拼接为主,节约了大量的人力、物力。在安装措施

网架安装施工质量实测偏差汇总表　　　　表2

施工部位	游泳馆	比赛馆
网架实测偏差几何尺寸(mm)	19	20
规范允许偏差值(mm)	30	30
网架实测挠度(mm)	15	67
规范允许挠度偏差值(mm)	15.3	72
验收评定结果	优良	优良

游泳馆经济效益对比分析表　　　　表3

施工部位	满堂红脚手架				整体吊装			
	项目	数量	单价(元)	总价(元)	项目	数量	单价(元)	总价(元)
游泳馆网架	脚手钢管	335.72t	130	43 643.6	吊装机具运输费	1车	6 000	6 000
	脚手架板	45m³	1 000	45 000	吊装人工费	120人工	50	6 000
	底座	2 652个	6	15 912	折旧费	6套	1 000	6 000
	搭设、拆除人工费	1 700个	50	85 000	工费	300人工	50	15 000
	构件垂直运输费	60t	450	27 000				
合计				211 251.6				33 000

比赛馆经济效益对比分析表

表4

施工部位	满堂红脚手架				整体吊装			
	项目	数量	单价(元)	总价(元)	项目	数量	单价(元)	总价(元)
比赛馆网架	脚手钢管	2 021.71t	250	505 427.5	吊装机具运输费	10车	6 000	60 000
	脚手架板	183.6m³	1 000	183 600	吊装人工费	560人工	50	28 000
	底座	10 240个	6	61 440	折旧费	28套	1 000	28 000
	搭设、拆除人工费	10 237个	50	511850	架设拆除维护人工费	1400人工	50	70 000
	构件垂直运输费	570t	450	256 500				
合计				1941 320.7				252 000
对比分析结论	本工程采用整体吊装的施工方法比采用满堂红脚手架节约151.1万元,节约87%							

说明:1.脚手架按照比赛馆网架140d计算,游泳馆网架按照75d计算。

费方面要比满堂红脚手架施工方法节约150万元左右的费用。

7.总结与体会

(1)此种施工方法由于不需要搭设满堂红脚手架,可以降低结构基础的承载力,更有利于结构的安全。

(2)此种施工方法在施工安全方面,由于采用计算机模拟吊装计算,计算过程已经过原设计单位的确认,所以此吊装方法安全可靠。

(3)由于网架拼装从高空拼装,转移为地面拼装,减少了高空作业的工程量,在操作人员人身安全方面有良好的效果。

(4)整体吊装由于在地面拼装,便于施工人员操作,同时便于监理单位、建设单位、质量监督站等监督人员对施工质量进行现场旁站检查、控制。

(5)整体吊装减少了搭设脚手架的时间,为工程的进度及后续工程施工节省了一定的工期。

(6)由于整体吊装很少使用脚手架,在施工成本方面要比其他施工方法更节约成本。

综合上述特点,我们认为整体吊装的施工方法真正体现了2008年奥运会的"五统一"原则;真正落实了奥运会的"绿色、科技、人文"三大理念的要求。

8.本工程对其他同类工程施工的指导意义

本工程大跨度螺栓球网架的整体吊装成功,解决了吊点处高强螺栓的受剪问题,解决了网架吊装过程中的同步控制措施。选择了拔杆和绞磨系统作为整体提升机具。螺栓球网架在施工安全、施工进度、施工质量、成本控制等方面为其他同类工程的施工提供了很多可以参考的数据,具有良好的示范作用。

图1　网架提升前实物图

图2　网架提升后实物图

由于网架的组装、检查均在地面进行,可以更好地控制工程施工质量。

近年,全国先后出现数次螺栓球网架坍塌,究其原因,大部分是因为施工过程中小块吊装或在脚手架上拼装,造成挠度曲线不平滑过渡所致。北京科技大学体育馆网架由于在地面拼装,整体吊装,网架挠度曲线过渡十分平滑,与设计要求相似。

综上所述,几项关键技术的攻克,对网架的整体吊装技术,尤其是大跨度螺栓球网架的整体吊装技术的解决和应用具有先进性,在降低成本、提高劳动生产力、提高工程质量等方面有显著作用(图1、图2)。

对置四喷嘴新型气化炉复杂控制系统的应用

◆ 张国栋[1]，姜 新[2]，赵 柱[2]

(1.兖矿国泰化工有限公司，枣庄 277527；2.中国天辰化学工程公司，天津 300400)

摘 要：本文重点介绍复杂控制系统在对置四喷嘴新型气化炉上的成功应用，从而保证了生产平稳、安全、高效地运行。

关键词：氧煤比，单闭环比值控制系统，碳转化率

华东理工大学洁净煤研究室自主开发的对置四喷嘴加压气化炉已于 2000 年在鲁南化肥厂中试成功，成功申报了国家 863 计划，打破了 GE 公司对中国水煤浆加压气化的垄断，此项先进技术 2005 年 9 月在兖矿国泰化工有限公司投入工业化生产到现在，装置运行稳定、可靠，取得了巨大的经济效益。

整个工艺生产操作流程中自动控制系统起着举足轻重的作用，本文就气化炉的复杂控制系统的应用加以阐述。

一、水煤浆加压气化工艺概述

从空分工段来的纯氧和气化高压煤浆泵送来的浓度 63.5% 的煤浆在一定的安全联锁条件下，通过烧嘴混合后喷入气化炉内，进行迅速的氧化和部分氧化反应。正常生产条件下，炉温 1 300~1 450℃、压力 2.7MPa，生成的水煤气经洗涤塔洗涤后送往后续变换工段，制取合成气。

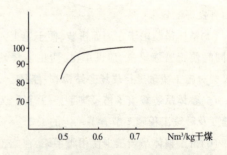

图1 氧煤比与碳转化率的关系

气化主要反应机理如下：

$$CnHm+(n/2)O_2 \longrightarrow nCO+(m/2)H_2$$

气流床反应器中物料停留时间较短（仅数秒钟），且氧气直接参与氧化和部分氧化反应。因此，氧煤比是气流床气化反应中极重要的工艺条件之一，化工部西北化工研究院临潼研究所试验表明：氧煤比对碳转化率的影响十分明显，如图1所示。

氧煤比增加尽管碳转化率(冷煤气效率)下降，但图2表示存在一个合适的氧煤比，其值在 1.0~1.05kg/kg 时的冷煤气效率最高。氧煤比对气化炉温

度、合成气有效成分的影响如图1。因此,控制合适的氧煤比是气化工艺操作最主要的要求。

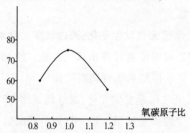

图2 氧碳经与冷煤气效率关系

二、水煤浆气化自控系统

1. 自动控制技术的特点

气化工艺是一个高温、高压、快速的生产过程,人工无法操作实现,采用常规方式控制不适用于这种气化的操作,需要有准确的连续测定入炉煤浆的黏度、浓度、密度、氧煤比及准确的煤气成分,以指导操作人员控制炉内反应温度。Honeywell PKS DCS 控制系统,达到了安全、稳定、连续的生产过程。

2. 复杂控制系统

(1) 气化炉氧气、煤浆流量单闭环比值控制系统

1) 设计思想

根据气化反应原理:氧原子、碳原子应按一定比值进行反应,我们设计了一套单闭环的比值控制系统,即:选取起主导作用又不好定值控制的煤浆流量为主动量,气化炉的氧气量作为随从变量。氧气流量跟随煤浆流量的变化而自动变化,在数值上两者保持一定的比值关系。方框图如图3。

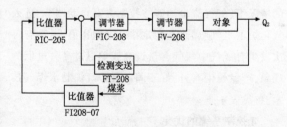

图3 经值控制系统方框图

其中,煤浆流量的控制部分是开环的,氧气流量的控制部分是一个随动的闭环控制回路。

煤浆流量经过比值器 RIC-205 的作用后,其输出作为氧气流量的设定值,因此,氧气按一定的比值关系跟随煤浆量变化。当氧气受扰发生变化时,经过闭合回路控制器 FIC-208 的作用又回到由煤浆量决定的设定值上,两流量在原来数值上保持一定关系。当主动量(煤浆流量)发生变化时,比如,出现煤浆波动情况时,从动量(氧气流量)也立即跟随着变化,两者的流量在新的数值下重新保持原定的比值关系。即不论氧气、煤浆哪个受到干扰,通过该控制系统的作用,流量总能很快地回到原来的比值上。O/C 以一定的比值进入气化炉,克服了炉温忽高、忽低,合成气中氧含量过高,烧坏触媒的弊病。

2) 设计方案的构成(图4)

我们采用相乘方案的比值设计:

$$G_2 = G_1 \times R$$

其中,G_2 是氧气流量;G_1 是煤浆流量;R 是比值系数。

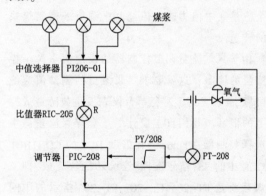

图4 比值系统设计方案构成

3) 流量比值控制系统 RIC-205 的设计

a. 实际碳原子比的计算公式。我们在计算机上组态了一个 O/C 计算公式,计算机自动测量、自动计算,并在操作台上给予显示,指导工艺人员操作。利用了 DCS 的 CONTROL BLOCK 中的数学运算功能。

根据反应机理,公式如下:

O/C =(氧气流量×2×氧气纯度)/煤浆流量×煤浆密度×煤浆浓度

其中,氧气流量、煤浆流量为现场仪表自动检测;氧气纯度在线分析仪自动检测。

b. 由于煤浆浓度、氧气纯度等可能发生变化,因此,比值系数 R 也要随情况而变化。我们在计算机内部设计了一个比值器 RIC-205 控制系统,比值器在流量比值控制回路之外。参考实际测量计算的 O/C

值或气化炉炉膛温度的变化趋势，由工艺操作人员手动给定比值数值。

c.比值器的输出加上、下限限制。为防止操作工输入失误及一些不可见因素，比值器RIC-205的输出加了高、低限限制，输出范围固定在0.95~1.10之间，防止非正常事故发生，保证工艺安全生产。

(2)煤浆流量的中值选择

煤浆流量的控制是采用变频电机调节煤浆泵转速来实现的。为了增加煤浆流量测量的可靠性，对煤浆流量设计了中值选择回路。对煤浆量（两个电磁流量计）以及根据煤浆泵转速计算得出的流量，输入DCS进行计算，取中间值即中值作为煤浆流量的最终值。在DCS上可选择上述三个流量或中值为输入值经PID调节来控制煤浆泵的转速。

由于氧气流量调节控制器的设定值来源于煤浆流量的输出，这就要求煤浆流量的测量值应绝对可靠、准确。为了避免单台仪表发生故障造成控制上的混乱，我们自主设计了一套煤浆流量的中值选择控制器(FI206-07)，借助DCS的CONTROL BLOCK中的SS(信号选择)连续功能块完成，即三个煤浆流量FT-206、FT-207、FT-205指示的中间值作为氧气流量闭环控制系统的设定值，也是仪表测量控制上的一个重大举措，增加了生产运行的可靠性。

(3)氧气流量的补偿和纯度的校正

入炉氧气量是影响气化炉温度的关键因素，氧气流量测量的准确性就显得尤为重要。为此，设置了氧气流量的温度、压力补偿。氧气压力、氧气温度、氧气流量输入DCS，经补偿计算，得出补偿后的氧气流量。然后根据手动输入的氧气纯度值进行校正，最终得出的氧气流量值来控制氧气流量。

(4)氧煤比控制

氧煤比的自动控制是采用标准比例功能和内部仪表的比例计算来保证氧煤比稳定。氧煤比手动给出，经乘法器(煤浆流量乘以氧煤比)计算出氧气流量，作为氧气单参数控制回路的远程给定。取倒数后，经乘法器(补偿后的氧量乘以煤氧比)算出煤浆流量，作为煤浆单参数控制回路的远程给定。从而实现交叉控制。

如果煤浆流量发生变化，通过氧煤比自动控制，根据实测的煤浆流量计算出氧气流量，经PID调节后的输出值来控制氧气自调阀动作。

如果氧气流量发生变化，通过氧煤比自动控制，计算出相应的煤浆流量，经PID调节后的输出值来控制电机转速，使煤浆流量按氧煤比变化。

(5)气化炉负荷的控制

气化炉负荷由手动给出，为了防止负荷大幅度波动，设置了速度限制器，将负荷每分钟的变化限制在一定范围内。

为了防止氧气过量，设置了高低选择器。在煤浆回路上设置了高选器，将计算出的煤浆量和负荷给定的煤浆量作比较，取高者作为煤浆回路远程给定的最终值。在氧气回路上设计了低选器，将煤浆流量和负荷给定的煤浆流量作比较，将其低者作为氧气回路的给定值。这样当提负荷时，煤浆流量大于负荷给定值，被高选器选中，先提煤浆流量，经氧煤比控制，氧气流量随之变化。当降负荷时，煤浆流量低于负荷给定值，被低选器选中，先降氧气流量，经氧煤比控制，煤浆流量随之下降。

3.控制系统的投用效果

该控制系统投用以来，一直作为工艺稳定生产及提高负荷的可靠方法，在煤浆流量多次发生波动的情况下，氧气流量均能按控制方案自动调节，进入气化炉的氧气、煤浆量稳定在一定的比值上，没有再次发生合成气中氧气含量过高或炉温过高、过低的现象，产量稳中有升，好于固定层造气炉制水煤气技术，参见表1。

4.控制系统的优化

从德士古1个喷嘴到对置四个喷嘴，由于喷嘴的增加，相应对自控专业提高了难度，水煤浆气化炉开车成功与否，很大程度上取决于自控仪表的正常与否。"开气化就是开仪表"这是工艺专业对气化炉的一句至理名言，对于对置式四喷嘴气化炉自控专业对工艺专业来讲，自控专业尤为重要，控制系统的

控制系统的投用效果　　　表1

项目		固定层造气	水煤浆加压气化
1.煤气种类		半水煤气	水煤气
2.煤气成分 干气%(V)	CO	31.28	18.67
	CO_2	8.87	7.12
	H_2	37.26	14.52
	CH_4	0.28	0.02
	H_2S	<3g/Nm^3	0.48
	COS	<100mg/Nm^3	0.02
3.含水量		常压40℃饱和水含水少	58.87
4.压力(MPa)		常压	2.35 中压

优化、操作参数的提高是今后生产系统优化的重中之重。

（1）阀门动作同步度

对置式四个烧嘴的气化炉为了保证负荷30%~100%的灵活调整，因而对气化炉阀门要求比较高。原来一个烧嘴气化炉入炉阀门从氧气截止阀到入炉为11台阀门，现在为了保护烧嘴，一个烧嘴的自控阀门就增加到14台，总数为14×4=56台，要求保证56台自控阀门在DCS指挥下统一按计划逐步开关，确保工业生产安全进行。

（2）每组烧嘴之间的氧气、煤浆均衡度

鉴于对置式气化炉的工作特性，要求每组喷嘴之间入炉煤浆量偏差不能大于8%，才能在气化炉内形成稳定气化区，不然气流偏向炉壁一侧将很快损坏耐火砖（每炉耐火砖价值600万元）。

由于水煤浆是高黏度、含颗粒的冲刷性强的物质，压力高达8.0MPa，因而调整性能差。现在各种文献和产品样本都找不到煤浆调节阀，如何在生产中逐步攻关，达到入炉煤浆方便可控的效果，是今后优化控制的一个目标。

（3）优化生产系统

现在气化炉出口有效气体成分有80%~81%，如果形成一套优化系统使有效气体在不增加投煤量的情况下，有效气体成分增加到82%，就可以使生产强度增加1.25%，按年产20万t甲醇计算，增加甲醇2 000t左右，价格400余万元。

我们知道气化炉内发生反应有两步：

$C+O_2=CO_2$（放热）

$C+H_2O=CO+H_2$（吸热）

其中CO、H_2为有效气体，CO_2为无效气体。但CO_2是燃烧维持反应热必须的产品，没有燃烧分解反应不会继续下去。尽量使分解系统达到最大值，燃烧维持最小值，就可以使产品效率提高。如图5所示。

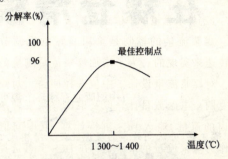

图5　温度与分解率关系图

当温度升高到一定值时，分解率反而下降。这时因为温度高，过氧燃烧分解出来的产品又被烧掉了。

$C+O_2=CO_2$（放热）

$2H_2+O_2=2H_2O$（放热）

炉内情况进一步恶化，所以生产中一般控制在最佳控制点以下。我们准备开发优化软件，用模糊控制手段找出最佳控制点，使气体有效成分增加。

作为一种新型气化炉在中国投入使用还有很多问题需要解决，而大部分要在实践中解决。煤化工行业方兴未艾，由于国际油价持续上涨，国内原油产量不足，而煤在我国贮量丰富，整个鲁南地区高硫煤存量在10亿t（硫含量高于0.8%），国家明令禁止开采高硫煤，但工业生产中有处理装置的不在其中，所以水煤浆加压气化炉有良好的发展前景，必须发展煤化工，很多新的自控技术需要我们去开发、应用，这需要我们广大的生产技术人员坚持不懈地去创新、去拼搏、去奉献，壮大自动化控制！

参考文献：

[1]陆德民.石油化工自动控制设计手册.第三版.北京：化学工业出版社.

工程实践

G式全钢模板自脱模在煤仓滑模施工中的应用

◆ 龚文跃

(中国昕龙春绿环节源可持续循环技术研究所,北京 100076)

摘 要:公认高效率的现浇混凝土滑模施工技术,是一项在国内工艺发展成熟的施工方法。可是,在滑模施工中,无法按照一般混凝土施工中完成理想的钢模板脱模处理的现实问题,始终困扰着与此相关的设计、施工、监理、业主、模板生产或租赁企业等的人士,已经成为一个似乎无法解决的历史难题。本文通过多年研发与应用实践经验,结合最新相关专利在储煤仓混凝土筒体的滑模施工的典型的首次实施案例,介绍了可以轻松解决这一难题的可靠的、成熟的绿色建筑G式全钢模板及其现浇混凝土结构自脱模施工的实用新技术。

关键词:储煤仓,混凝土筒体,滑模施工,G式全钢模板自脱模,绿色建筑模板,G式模板组合,清水本色混凝土

前 言

国内某大型煤矿企业集团,在近年以来开始不断建造混凝土储煤筒仓。此类筒仓的混凝土筒体,基本采用了现浇混凝土钢模板滑模成型工艺方法完成施工。

在此类常规的滑模施工中,由于滑模专用的钢模板始终紧贴现浇混凝土筒体不停顿地向上滑行,故而在行进中钢模板表面及时涂刷隔离剂是一件根本无法办到的事情,及时清理模板表面本身也几乎是不可能圆满完成的工作。正是这种历史难题的存在,因摩擦而可能拉裂现浇混凝土本体、所完成的混凝土成品整体质量保障难以控制等,一直成为有关参与混凝土滑模中有责任感的施工人员的深为无奈或担心的事情。

事实上,在滑模施工中,刷隔离剂更易污染钢筋,影响钢筋同混凝土的粘结力,不能及时清理模板和污染环境等非环保的弊端也就无须多言。据悉,在目前,许多从事滑模施工的队伍,基本已取消了脱模处理的工序了。从这一点而言,业内人士认为:滑模施工完成的混凝土整体质量相对较差的担忧,也是有一定道理的——从某种意义上而言:无须采用任何建筑隔离剂,即可实现钢模板与混凝土之间顺利脱模的昕龙 N-LONG 自脱模绿色结构施工技术,已经成为此类建筑模板滑移类完成脱模处理成熟的施工方法。

在不断加强有关混凝土建筑模板应用的自脱模绿色结构施工技术研发与大量的实践经验积累的基础上,通过在选择关键器件采用进口、合资企业或国产精品的有力措施,特别设计研制组装了不超过10kg的高效节能减排的便携式自脱模器,以此提高了关键设备的可靠性、安全性和工作的稳定性;同时,通过新型自脱模器G式钢(金属)模板组合专利申报,促使本项技术成果走向成熟应用;在国内某水利建设闸墩滑模施工中得到新的成功应用之后,又通过北京王府井某商务综合楼混凝土基础施工中成

功应用验证最新专利组合,进一步体现了与传统施工相比的实用性和优良的性能价格比的基本优势。

在上述专利被正式授予国家专利一周年之后,正式于2007年10月24日以专利实施许可的方式,首次成功地应用于大型煤矿建设中的储煤仓混凝土筒体的实际滑膜的施工之中。

在针对煤仓混凝土筒体的滑模施工中,通过采用上述自脱模技术的最新特色绿色建筑模板——G式全钢模板专利组合产品与技术的应用,创造了在煤炭建设领域内成功实施的首个应用实例;同时,这也是在煤仓混凝土筒体滑模施工中,予以应用的先例。

自脱模原理

电作用专用自脱模器与钢(金属)模板组合——G式全钢模板组合专利的自脱模原理:通过插入新浇混凝土的电极棒与钢模板之间的电解等电效应作用,在钢模板与新浇混凝土紧密接触的表面(或界面)之间,形成的水汽等混合物的润滑隔离层,完成现浇(清水或本色)混凝土(或水泥制品)成品表面与模板(具)之间的自动有效的脱模处理。以此实现减轻劳动强度、节约时间、材料,保证质量,符合节能减排鼓励政策的要求,实现无污染的绿色环保施工,最终获取良好的技术经济与社会综合效益的目的。

适用范围

G式全钢模板绿色结构自脱模技术,可适用于使用钢模板或其他导电体制成的模板进行的新(现)浇混凝土(水泥制品)工程施工或各类混凝土预制件(水泥制品)的生产之中;同时,也适用于一切含有水的胶凝材料的类似施工或生产制造的应用场合。

质量要求

自脱模质量必须满足有关施工规范或国家有关质量标准的要求。

技术经济效益分析

(1)与传统脱模施工工序要求对比,一般在首次应用中即可节约相关的直接可比总合费用的20%~30%。实际增加的费用,通过实施4 000~7 000m²左右的脱模处理即可回收。有关结构专家的估测认为:在二次重复利用自脱模器之后,施工应用的上述可比直接费用仅为传统可比费用的5%。

(2)实际施工中,采用传统工艺施工时,为清理模板需上下倒运,清理模板、涂刷隔离剂(包括因施工质量引起的返工、模板损伤、罚款、日后环保施工要求可能出现的处罚)等所需的机械、人工费费用也很可观,工时又长,效率明显低于自脱模施工。事实上,间接的节省也是有经验的施工人员所可以想到的。一般结论认为:明显会比直接费用所产生的节省的经济效益更大。

(3)自脱模施工质量较易控制,耗电费用很低,并且避免了表面二次装修处理所需的工时费用,从技术上进一步体现了此项技术的优势。

(4)采用此项技术后的模板保养与维护费用也可降低,模板的破损率也必然下降,实际使用寿命显著增加。

(5)隔离剂为一次性消费品(同时也存在窗、门等洞口处的无效浪费),自脱模器为可反复使用的设备。

二次应用时的脱模设备费用极低,耗电费用又很小。因此,实施上述自脱模技术可以获取良好的技术经济与社会环保的综合效益。

应用简述

包括初期技术研发应用在内,自脱模系列实际应用案例已达到20例以上,具体已涉及预制混凝土盒子构件等水泥制品、清水大钢模板现浇混凝土墙体、塔楼混凝土基础、新建水泥厂筒仓混凝土筒体滑模、塔楼整体混凝土结构滑模、水电站闸墩现浇混凝土非封闭式全钢模板滑模、高层框架构造的组合钢模板现浇混凝土基础和矿山储煤仓全钢模板现浇混凝土筒体滑模等工程的实际应用。

储煤仓滑模施工自脱模专利应用实例

(1)2007年10月23日22:00左右开始实际校验自脱模器,调试保证其处于最佳工作状态。

(2)电极棒作相应的可靠的绝缘保护,并且固定于可以随同滑模提升架同步滑行的适当位置。

(3)通过计算实际需要脱模面积等的工程实际情况,间距合适地完成电极棒的布置。本项储煤仓滑模施工工程中,沿圆形内外钢模板的中部,均匀布置了合理数量的电极处理棒。

(4)滑模钢筋混凝土体内的钢筋与钢模板之间,按照常规保证合理的保护层间距。同时,需要保证电极棒的插入不会触碰混凝土内的钢筋网。

(5)按照用户要求和事先制定的方案,接通电线、准备电源、布置好电极棒和钢模板同自脱模器合理连接,完成实施前的一切准备工作。

(6)通过控制专用自脱模器输出电流的大小,完成安全之内的常规施工的需要,不会对常规工序造成任何不良的干扰。

(7)2007年10月24日7:00左右,在滑模已经处于离地平面之下约200~300mm的位置,在相关人员在场监督专利实施的情况下,通过操作人员打开自脱模器电源开关的具体动作,自脱模技术在实际滑模施工中成功应用。

现场应用情况与直观效果

(1)具体操作实施简单实用,无疑实现了方便、安全、可靠地保障和提高混凝土结构质量品质,有力地提升了煤仓筒体滑模施工的技术水平。同传统标准工艺要求相比,工序大为简化;并且在方便实现现场文明、环保施工要求的同时,减少了拉裂,提高了通过滑模施工所完成的现浇混凝土表面的外观质量,使混凝土整体施工质量得到有效的保障。

上述国家专利技术应用的现场的实际实施,从筒仓滑模至地平标高的-0.3~-0.2m左右开始。

施工单位在实际应用之后,打消了原来无任何概念下产生的种种实施新技术应用的担忧。

(2)有预制混凝土经验的人员,通过现场肉眼观看,可见采用自脱模技术出现的痕迹比先前未作自脱模处理的明显减少;与无法用肉眼观察的混凝土内在质量的效果比较,对业内行家来讲,自然是心知肚明了。

自脱模处理的现浇混凝土表面观感均匀一致,容易实现清水或素色混凝土的绿色建筑需要;混凝土表面显示的微微早强的效用有利于模板早拆;可以实现在稍低气候、温度之下的正常施工。

(3)根据成功实施滑模施工现场以来的所有施工人员的情况反映:采用自脱模处理的滑模滑升之后,现浇混凝土表面与没有经过脱模处理之前的滑模效果相比:采用自脱模处理的表面相对光滑,不次于普通钢模板施工中涂刷隔离剂脱模的混凝土的表面外观质量(已有用户在相关论文中直接陈述了这个事实),配合清水模板更易达到清水本色混凝土的表面质量要求。

结 论

针对现浇混凝土进行的自脱模技术应用的滑模施工,相对于目前大都不进行脱模处理和及时清理模板的做法而言,施工单位采用自脱模的G式全钢模板及其自脱模技术应用的好处有以下几点:

(1)解决了长期以来因为滑模无法圆满实施脱模处理和模板的及时清理,总是让负责任的施工人员感觉混凝土整体质量因钢模板与混凝土体的摩擦力相对过大,而存在不利影响的担心的历史难题。

(2)方便自然进行的模板清理,减少了因模板涂刷隔离剂、模板清理等的劳动强度,省工省事,节省工期,功效提高。

(3)完善的脱模处理,自然促使滑模施工的混凝土整体的质量水平的提高更有保障。无污染施工,轻松实现了文明施工的绿色建筑等政策要求。

(4)在发挥滑模等滑移类高效施工的优势前提下,更能使设计、监理或业主等相关人士对混凝土整体质量水平提高而感觉满意和放心。

(5)在竞争激烈的建筑市场面前,自觉采用这种体现实力优势技术的施工承包单位,必然会提高企业在建筑市场承揽项目中的实际竞争力。

所述满足节能减排、显著提高施工效率和经济技术与综合社会环保效益明显的自脱模专利技术成果,值得在滑模、爬模等移动类以及一切钢等金属模板(或模具、模型等成型器具)的施工(或水泥制品的生产中)的绿色建筑结构施工(或制造)中,予以大力应用与推广。Ⓡ

外墙渗漏防范技术浅析

◆ 苏锡豪

(长江兆业地产开发公司，广东 中山 524800)

随着高层建筑、超高层建筑的大量建造及新型墙体材料的普遍使用，墙体渗漏特别是外墙渗漏现象相当普遍，已经成为投诉最多的商品房的质量问题，同时也不同程度地影响了建筑物的使用功能和使用者的心理承受能力。针对这一问题，结合我近年的施工、项目管理经验，浅析外墙渗漏防范技术。

主体工程防范

包括外墙所在的钢筋混凝土构件(混凝土墙体、飘板、飘线、饰线、阳台等)和砌体。混凝土拌制时需要根据抗裂要求添加合适的外加剂，浇捣时振捣密实，严格按照《混凝土质量控制标准》GB 50164—92、《普通混凝土配合比设计规程》JGJ 55—2000、《混凝土结构工程施工质量验收规范》GB 50204—2002 及相关规范、规程和标准进行施工，在这不加详述。

外墙砌体工程施工过程应该控制好以下几个问题：

一、材料的放置时间及砌筑时的含水率

现在普遍采用的混凝土空心砌块、加气混凝土砌块、珍珠岩砌块、页岩砖等从工厂生产出来后的 30~60d 内，外界条件的变化对其自身变形影响较大，出厂后应根据生产厂家提供的相关技术参数静置一段时间再砌筑；另外，每种砌块砌筑时要求的含水率也不一样，应根据其特点确定浇水时间和浇水量。

二、墙体拉结钢筋

拉结钢筋对于砌体的抗裂起到非常重要的作用，由于钢筋混凝土主体施工预埋拉结钢筋时往往出现位置偏差，预留的拉结钢筋与砌块灰缝位置不符，工人砌墙时就会把预留的钢筋截断或弯起不用，或者大幅弯起勉强塞到灰缝里，根本起不到拉结作用。施工时应该按照施工图、施工规范及各地的质量通病防治措施严格控制，预留拉结钢筋应该根据砌块的尺寸、皮数准确预留，对于不符合砌体皮数的拉结钢筋采取植筋的办法补救。

三、砌体的灰缝

重点控制竖缝，一般情况下水平缝不会出现很大问题，但工人为了赶工，往往对竖缝不太重视，普遍存在透缝或者砌完后再填补竖缝，造成竖缝中空，留下渗漏隐患，特别是砌体与钢筋混凝土墙、柱交接处容易出现这种情况，施工过程应加强检查，确保横、竖灰缝饱满。

四、线管的设置

砌块跟红砖不一样，墙体砌好后再开凿线槽会破坏整块砌块，留槽埋管又会引致通缝，故最好的办法是尽量不要把线管设置在外墙。的确无法避开时，开槽埋管也要采用手提切割机切缝后再凿槽，控制好开凿深度，尽量避免破坏砌块，埋管时用水泥砂浆灌实。

外墙找平层、结合层的防范

找平层及其结合层是外墙防水的重点和关键，其质量的好坏直接影响到防水效果。

一、结合层

是找平层与墙体的粘合层，处理不好会引致找平层、面层的空鼓而导致渗漏，结合层采取何种材料和采用何种施工工艺应根据基层材料确定。对于混凝土墙柱由于浇捣时模板普遍涂刷脱模剂，表面比较光滑（即使采取了凿毛、清洗等措施），宜采用粘结力较强的材料如界面剂等涂刷。为节省施工成本，砌体部分可以采用纯水泥浆液掺加建筑胶水涂刷，厚度均不宜太厚，约2mm左右，而且必须控制好找平层的批抹时间，约12~20h，视天气、气温而定，否则，会起到反效果，结合层变成隔离层。

批抹、涂刷结合层前基面处理：

要求彻底清除基面污物、灰尘和疏松层，基面应平整结实，过于光滑的基面需人工凿毛或打磨，用清水冲洗干净，主体工程施工发现存在渗漏的地方先堵漏。对于有明显裂缝（一般指缝宽0.2mm以上）的地方，需要修补。根据天气情况施工前应适当洒水，施工基面不得过于干燥引致结合层脱水，但也不宜过于湿润，影响粘结。

对于基面上的油污、脱模剂、乳胶漆、油漆等影响粘结的物质必须清理干净。为确保结合层与基底混凝土具有良好的粘结，一般用钢丝刷或喷砂方法清除表面浮层污物（有油漆或油脂污染部位用丙酮洗刷）。如基面松动严重，应采用人工凿毛方法，凿掉破损的混凝土，使基底露出坚硬、牢固的混凝土面，凿毛必须彻底全面，但也不宜深度过大，以免破坏了未碳化和损破的混凝土。对凿除的混凝土表面，采用高压水枪或压缩空气将碎屑、灰尘冲洗干净。

二、找平层

找平层往往兼有防水层的功能（当不另行设置防水层时），是外墙防渗漏的关键所在，找平层主要有以下几种做法（从材料划分）：

- 成品聚合物砂浆；
- 施工单位自行配比、现场拌制的聚合物砂浆；
- 普通水泥砂浆或混合砂浆。

下面从比较常用的几种材料性能、施工工艺、工法加以阐述：

1.成品聚合物水泥砂浆找平层：是由高分子材料混合而成，性能优越，主要表现在以下几个方面：

(1)良好的粘结性能，粘结力强；
(2)施工方便，在潮湿基面、低温条件下可施工；
(3)耐腐蚀、耐高温、耐低温、耐老化；
(4)不变质，抗震裂，无毒，无害，无味，不污染环境。

成品聚合物砂浆是由生产厂家已经配比好的产品，施工时只要按照成品说明执行即可，但要注意天气、气温等可能影响质量的现场施工条件。

由于高层建筑较多采用爬架，对于浇捣混凝土时出现胀模的混凝土构件不容易凿除处理，造成找平层厚度大大增加，必须按照施工规范要求进行挂网，采用的金属网径应该控制在1.0mm左右。挂网前粘贴挂网钉应该待结合层施工完毕并且有一定强度以后进行，挂网高度以当天完成的步距为宜，挂网过高则会出现上面抹灰掉在下面网片而不易清理的现象。为了避免上面抹灰下面污染的情况，第一层抹灰适宜从下往上抹，并且控制好金属网与墙体基层的距离，确保第一层抹灰基本把网覆盖住；当找平层很厚需要分层挂网、分层抹灰时重复以上步骤。

施工单位自行配比、现场拌制的聚合物砂浆找平层：一般由施工单位根据材料特性和施工经验进行配比，通常是往砂浆里添加抗裂高分子纤维和聚合物添加剂混合而成，具有施工成本低、配设灵活等特点。施工过程应注意以下问题：

(1)添加剂：是一种化工材料，有严格的用量限制，添加量的偏差会严重影响到砂浆的强度、粘结力、防水性能等质量指标，使用前必须严格按照产品说明进行试配，成功后方可实施。

(2)抗裂纤维：包括杜拉纤维及国产的各类聚丙烯纤维，掺用量参考产品说明执行，用量过大不容易搅拌均匀，而且批抹困难；用量小则起不到抗裂作用，故也应该进行试配。注意搅拌前必须把添加的束状纤维分散，否则不易搅拌均匀。

(3)水灰比控制：根据砂的含水率和使用情况确定，以方便施工和保证砂浆强度为基础进行试配。

(4)如果使用商品混凝土搅拌站的预拌砂浆，应考虑运输对砂浆的和易性、初凝时间、终凝时间的影响。

2.普通水泥砂浆或混合砂浆找平层：适合另外设置独立防水层及防水要求不高的工程，根据现场施工条件按照施工规范及相关规程执行即可。

外墙防水层、粘贴层的防范

外墙防水层、粘贴层适用于防水要求较高的工程，是指在聚合物砂浆或普通砂浆找平层的基础上做一层独立的防水层，加强防水效果，一般情况下这层防水层同时起到粘贴作用，可直接粘贴饰面砖、饰面板等。常用作防水层、粘贴层的有各种水泥基型的材料。

水泥基型聚合物水泥防水涂料是近年来兴起的一种绿色环保防水材料，它具有高强、柔韧、无接缝、整体性好、透气不透水、粘结力强、不空鼓、抗冻融、耐高温、耐腐蚀、冷施工、可湿作业、施工简便、无毒无害、绿色环保等优点。

水泥基型防水型材料产品种类繁多，由于一般设在找平层面作为防水层和饰面层的粘结层，为了确保防水效果及保证饰面砖的粘结力，必须选择信誉好、质量保证而且有成功施工案例的品牌。

一、PMC复合防水涂料

既有水泥类无机材料强度高、耐水性、耐候性好的优点，又有高分子材料良好的弹性和防水性能，固化后即可形成高强、坚韧、耐久的防水涂膜。

PMC复合防水涂料涂膜施工要点：

①采用长板刷、铁抹子批抹或滚筒刷涂刷，涂刷要横、竖交叉进行，达到平整均匀、厚度一致。

②第一层涂层表干后（即不粘手，常温约2~4h），可进行第二层涂刷，以此类推，涂刷3~5遍，厚度可达到1.0~2.0mm，每平方米用料约为1.5~3.0kg，如有特殊要求的工程部位，可以根据要求增加厚度。

③对于结构变形大的建筑，平、立面交接处容易受温差、变形影响的节点处，应加无纺布（规格：45~60g/m²）附加层以提高抗拉性能，无纺布搭接要100mm以上，涂刷第三遍的同时辅无纺布。

④PMC复合防水涂料施工温度一般为5~30℃。PMC复合防水涂料普遍可以在潮湿环境施工，为施工带来较大的便利。

二、渗透结晶材料

水泥基渗透结晶型防水材料是一种无毒、环保、可透气渗透活化物质的灰色粉状产品。它主要是由波兰特水泥、精细石英砂及多种活性化学成分配制而成的。

1.防水机理：材料中含有的活性化合物与水作用后，以水为载体向砂浆内部结构的孔隙进行渗透，渗透到砂浆内部的孔隙中的活性化合物与砂浆中的游离氧化钙交互反应生成不溶于水的枝蔓状纤维结晶物（硫铝酸钙）。结晶物在结构孔缝中吸水膨胀，由疏至密，使砂浆表层向纵深逐渐形成一个致密的抗渗区域，大大提高了找平砂浆整体的抗渗能力。防水涂层中由于水化空间和C-S-H凝胶的束缚，形成大量的凝胶状结晶，在涂层中起到密实抗渗作用，随着时间（一般为14~28d）的推移，结晶量也在逐渐增加。防水涂层中的凝胶状结晶和深入砂浆结构内部的渗透结晶都提高了砂浆的密实度，即增强了砂浆的抗渗能力。由于水泥的水化反应是一个不完全的反应过程，在不失水的状态下，多年以后反应仍有进行，而在后期的水化反应过程中，同样能继续催化活性化合物而生成结晶，因此，砂浆即使被水再次穿透或局部受损开裂（裂缝小于0.4mm），在结晶的作用下能自行修补愈合，具有持续抗渗的能力，从本质上改善了普通砂浆体积的不稳定（即变形）带来的再次裂渗。

2.材料性能：水泥基渗透结晶型防水材料可深入渗透到砂浆内部与游离碱产生化学反应，成为砂浆的一部分，有效地堵塞砂浆内部的毛细空隙，形成一种内部永久性密封（结晶体）的防水层，这种防水层具有使外层更坚固、防尘、防污、防油及抗风化侵蚀的特性，使水无法进入砂浆内部；并且具有双重的防水性能，它所产生的渗透结晶能深入到砂浆内部堵塞结构孔隙，无论它的渗透深度有多少，都可以在结构内部起到防水作用，同时作用在砂浆基面的涂层由于其微膨胀的性能，能够起到补偿收缩的作用，能使施工后的结构基面同样具有很好的抗裂、抗渗作用。

3.具有自我修复能力：属于无机防水材料，所形成的结晶体不会产生老化，晶体结构多年以后遇水仍然能激活水泥而产生新的晶体，晶体将继续密实、密封或再密封小于0.4mm的裂缝或孔隙，完成自我修复的过程。

4.具有长久的防水作用:它所产生的物化反应最初是在基面表层或临近部位,随着时间的推移逐步影响结构内部而进行渗透。在正常气温下,一般为28d后,活性化合物能使渗透结晶深入混凝土层结构内部10~35cm(砂浆层结构密度疏,渗透深度会更深)。而形成的晶体性能稳定不分解,防水涂层即使遭受磨损或被刮掉,也不会影响防水效果,因为它的有效成分已经深入渗透到砂浆内部。

主要特点:

1.具有超强的渗透能力,在砂浆内部形成胶状结晶,能穿透深入及封闭砂浆中毛细管地带及收缩裂缝,在表面受损的情况下,其防水及抗化学特性仍能保持不变。

2.具有独特超凡的自我修复能力,可修复小于0.4mm的裂缝。

3.抗渗能力强,能耐受高强水压,属无机材料,不存在老化问题。

4.不受温变、冻融影响,抑制碱骨料反应。

5.无毒、无害环保型产品、耐湿、耐氧化、耐碳化、耐紫外线。

6.能抵受氯离子、碳酸化合物、氧化物、硫酸盐及硝酸盐等绝大部分化学物质的侵蚀。

7.允许砂浆层透气(呼吸),不让水蒸气积聚,使砂浆保持全面干爽。

8.增强砂浆的抗压性能。

9.不会因撕裂、穿刺或接缝位移而析离。

施工方法:

1.涂刷法

先将水泥基渗透结晶型防水材料与清水按4:1的重量比,用机械进行混合,搅拌均匀形成黏稠状;然后将配制好的涂料分两遍涂刷在已经处理好,并已预湿的砂浆表面上。涂刷第二遍涂层可在第一遍涂层仍潮湿时进行。

2.刮涂法

同上配法,将配制好的涂料分两遍均匀刮涂。

3.随撒法

当批抹的砂浆初凝时,将水泥基渗透结晶型防水材料均匀地撒在砂浆表面,随即用木抹子或磨光机进行压光处理。

注意:

①在室外例如阳光下,湿度低,切勿让浆料干掉。如见干燥,应立即喷水一遍;

②针对大面积的最佳办法是分区做,浆料勿调太多;

③此方法适合于所有维修,包括补裂缝、大面积加厚及破裂。

施工特点:

1.施工条件要求低,基本可以在任何场合、任何部位实施。

2.可在100%湿润或初凝砂浆基面上施工,节省工期。

3.施工简单、速度快。

外墙饰面层的防范

常用的饰面层包括饰面砖和涂料,在这重点阐述饰面砖的渗漏防范。

如果找平层是聚合物砂浆,具有防水功能,不再做单独的防水层,视要求可以采用纯水泥膏粘贴或填缝剂粘贴,勾缝可以选用合适的任何材料。

如果找平层是普通砂浆,不具有防水功能,需要做单独的防水层,或者找平层是聚合物砂浆具有防水功能,还要做加强的防水层,那就可以采用水泥基防水材料(渗透结晶、PMC等),直接用防水材料作为胶粘剂,即防水层和外墙面砖同时施工,减少一道工序,至于勾缝要视外墙立面颜色效果而定采用何种材料,如无特殊要求可在粘贴墙面砖时一次到位完成。

饰面砖粘贴严格按照《建筑装饰装修工程质量验收规范》GB 50210—2001、《外墙饰面砖工程施工及验收规程》JGJ 126—2000 和相关地方规定执行,应该注意如果更换墙面砖要把起到防水作用的粘贴层修复。

一、细部处理

容易引起外墙渗漏的细部包括门窗框与墙体的缝隙、水电或通风工程的预留洞口、飘板、飘线、饰线、空调板等,对于这些细部的处理技术难度并不大,关键是工作要细致,填塞缝隙前必须采用压缩空气吹洗干净,并且湿润,最好用聚合物砂浆进行填塞,填塞要分层进行,确保填塞密实,每道工序必须功夫做足,避免留下渗漏隐患;对于突出构件(飘板、飘线、饰线、空调板)尽可能在主体施工阶段振捣密实,发现局部存在疏松的要凿除,如果属于后浇构件,适宜采用抗渗混凝土浇捣,并且处理好新旧接缝;无论何种情况,在批抹找平层前均要重点进行防水处理。

二、重点防范工程部位、工序工艺

在工期普遍比较紧张的工程项目,由于不同班组、不同工种交叉施工甚至同步施工,有些工作需要不同工种或不同班组协作完成,但如果班组之间自觉性不高,相互协作的意识差,为了省工省时,工作互相推诿,从而导致渗漏。对于这些工作内容要求施工前必须进行充分交底,施工过程有专职施工管理人员实行全程跟踪,发现问题立即纠正。

比较容易引起疏忽的部位或工序包括:所有穿过外墙的管道(给水排水管、燃气管、电线电缆等)、混凝土墙柱模板安装对拉螺杆孔、大中型施工机械和脚手架的连墙件等。对于穿墙的管道,最好的防渗漏办法是预埋金属套管,管隙采用柔性防水材料填塞;对于模板对拉螺杆,较好的做法是:清理基层时在螺杆孔周围凿除直径约5~8cm、深约3cm的锅状混凝土→放置专用的成品塑料管塞→采用防水砂浆补平→在填补区域和新旧结合处涂刷2mm厚的环氧树脂;对于脚手架或机械连墙件做法同对拉螺杆孔,如果是预埋件,则可以直接涂刷一层环氧树脂加强即可。

三、其他注意事项

包括找平用的灰饼、冲筋和挂网的网钉、砂浆的静置时间、局部修复、淋水试验等。

灰饼、冲筋应该在基层修复完成及做好结合层后进行,而且采用的砂浆必须是比找平层强度等级高一级的同类型砂浆,由于体积小,容易因为脱水影响其强度,做好后应及时浇水养护;网钉粘贴也要在基层修复完成及做好结合层后进行,网钉间距不宜过大,约30~40cm,否则所挂金属网高低不平影响抹灰;砂浆的静置时间根据水泥的初凝时间控制,无论是预拌砂浆或现场拌制,均要根据用量、速度来确定批量,已经初凝的砂浆不得处理使用;外墙面施工往往因碰到脚手架或施工机械连墙件无法一次完成抹灰,就存在局部修复的问题,修复程序与正常抹灰基本一样,但所用的材料需要加强,工艺要求较高,应引起重视,必要时可以采用环氧树脂附加防水层。

外墙饰面工程完成后,还要分段、分片进行淋水试验,检验防水效果,发现存在渗漏及时采取措施处理,确保向用户交付的是质量放心的房屋。

小知识

砼:tóng

"砼"是"混凝土"的同义词。大家都知道的,特别是搞基本建设的同仁们,大概都认识这个字。但"砼"是谁创造的?什么时候被批准全国通用的?恐怕就鲜为人知了!

"砼"一字的创造者是著名结构学家蔡方荫教授。创造时间是1953年,迄今正好50年。当时教学科技落后,没有录音机,也没有复印机,学生上课听讲全靠记笔记。"混凝土"是建筑工程中最常用的词,但笔划太多,写起来费力又费时!于是思维敏捷的蔡方荫就大胆用"人工石"三字代替"混凝土"。因为"混凝土"三字共有三十笔,而"人工石"三字才十笔,可省下二十笔,大大加快了笔记速度!后来"人工石"合成了"砼"!并在大学生中得到推广,一传十,十传百……

1955年7月,中国科学院编译出版委员会"名词室"审定颁布的《结构工程名词》一书中,明确推荐"砼"与"混凝土"一词并用。从此,"砼"被广泛采用于各类建筑工程的书刊中。

1985年6月7日,中国文字改革委员会正式批准了"砼"与"混凝土"同义、并用的法定地位。

美国建造师执业资格认证制度概要

◆ 王海滨

(中交第一航务工程局有限公司,天津 300042)

摘　要：美国是工程项目管理理论、实践和相关制度建设的发源地,注册建造师制度也已建立了近40年。本文系笔者参加中美建造师国际论坛后,简要总结和介绍美国建造师认证制度中的认证机构、认证办法、考试和认证后的继续教育等内容,对我国建造师的认证制度建设和完善有一定的参考借鉴价值。

关键词：美国,建造师,认证,考试,继续教育

一、概　述

注册建造师作为一种执业资格制度,最早于1834年起源于英国,即英国皇家特许建造学会(CIOB),迄今已有170余年的历史；在项目管理理论、实践和制度的发源地——美国,注册建造师制度也已建立了近40年,美国的建造师资格认证制度,就其与项目管理的结合和与相应的高等教育相结合来说；就其对获得了执业资格后的注册建造师的继续教育和持续培养和考核来说,都有其独到的特点,值得我们在我国注册建造师制度的建立和完善的过程中加以了解和借鉴。

二、美国建造师学会和认证的建造师

美国建造师学会 AIC (The American Institute of Construction)成立于1971年,负责全美国建造师资格的认证和考核工作。该学会的资格认证委员会将建造师定义为：建造师是通过教育和实践获得技能和知识,从事建造工作的全过程或一部分工作过程的专业人员。建造师要具备一定的专业水平和执业道德,并不断提高自身的技能和继续教育水平,以持续适应建筑业不断发展的需要。

建造师的执业工作范围包括：项目经理(Project Manager)、总指挥(General Superintedent)、项目执行者(Project Excutive)、操作经理(Operation Manager)、施工经理(Construction Manager)、首席执行官(Chief Executive Officer)等。

美国 AIC 对建造师资格的认证是一种非官方的行为,这一点与我国注册建造师的考试、认证、注册是统一由建设部、人事部组织的政府行为有很大的区别,是由 AIC 的专业行业组织对从事建筑业的的专业人员的知识水平、受教育的程度和水平、实践技能和经验进行评估和认证。专业人士申请建造师资格认证是一种自愿的个人行为。与我国一些从业岗位受制于建造师的资格和等级、企业的资质等级也与所拥有建造师的等级和数量挂钩不同,AIC 不直接干预建造师的从业问题,而只是主持建立一个为社会、企业、专业人士以及政府等各方面广泛认可的建造师职业标准,并据此进行建造师的资格认证以及后续对建造师的继续教育和不断提高建造师自身素质的服务,建立一种行业资格认证制度和社会信用制度。

三、建造师资格的认证

AIC 将建造师的资格分为两级,即：助理建造师 AC (Associate Constructor) 和注册职业建造师 CPC (Certified Professional Constructor)。欲取得助理建造师或注册职业建造师的资格,均需要通过相应的考试和资格认证。通过相应考试和资格认证的人员,由 AIC 颁发相应的资格证书或认证卡,但是,只有通过注册职业

建造师考试和认证的人员，才可以在获得者名字后面冠以CPC的字样，以表明其具备CPC的资格。

建造师（AC和CPC）的资格认证包括两个步骤，即：

(1)AC（基本）和CPC（高级）建筑专业知识考试（笔试）。

专业知识考试中，要求申请者掌握建造师工作中涉及广泛的专业知识，如力学管理学、工程机械、电气等；还有各种关系的处理，如设计与建设单位、总包与分包、业主代表等。此外，建造师本身也是各种雇佣关系中的一种，如作为建筑公司职员、业主雇员、咨询顾问等，因此，这方面的相关知识也需要掌握。

(2)工作经历与教育背景的评审。

受教育的学历、程度和水平；工作的年限、业绩、实践经验等。

四、AC和CPC的申请资格

申请AC和CPC都必须具有被AIC评估认可的高等院校本科或研究生学历。且具有一定的工作经历。

所谓被AIC评估认可，是在1993年AIC成立了建造师认证委员会（ACCE），该委员会请了500个业界的专业人士，根据工程建设的实际需要，历经3年研讨，形成了一个200条要求的纲要，此纲要一方面交给有关的院校，作为培养学生的依据；相关院校70%的课程内容据此安排，培养学生；另一方面，作为ACCE对院校评估的依据。美国已有61所高校通过了ACCE的评估。第一次评估通过后5年内有效；第二次评估后6年内有效。

(1)AC的申请资格

申请者必须具有被AIC以前述纲要为标准评估认可的高校4年制本科、研究生学历或同等学历。其他本科、研究生学历及工作经历将被折算为相应的学分，以便积累学分达到参加AC考试所要求的资格条件。也就是说，对于被AIC评估认可的高校，本科大四即有资格参加AC的考试（注1.AC考试例题）。

对于经验丰富的管理人员，即已经达到了申请AC和CPC考试资格（学历或学分）要求、继续教育学分（2年32学分）、4年以上项目管理经验，并提供完整的工作经历和相关教育的证明材料，可以免AC考试，直接参加CPC考试（注2.CPC考试例题），但要一并支付AC和CPC的考试费用。如果申请人未能通过CPC考试，所获得的AC免试资格也将作废。

(2)CPC的申请资格

申请者必须满足所要求的学历和教育背景，且已经通过了（或被免试）AC考试，除此之外还要在2年内（一个注册期）经过了32课时的继续教育、获得了32个继续教育学分，并且要有至少4年的管理工作经验，方可以参加CPC的考试。

通过考试合格的AC和CPC将获得AIC颁发的证书。

五、AC和CPC资格有效性的持续维护

获得AC和CPC证书之后，证书的持有者必须定期维护，方能保持其持续的有效性。需要做的工作如下：

(1)支付年费。

AIC关于年费的规定如下：

• AC和CPC的年费为50美元；
• 普通的AIC会员免费；
• AIC接受捐赠。

(2)遵守建造师的行为准则

• 建造师在执业中要充分关注公众利益；
• 建造师不得参与任何为自己或其他人获取非法利益的欺诈行为；
• 建造师不得无意或恶意损坏或企图损坏他人的职业名誉；
• 建造师在提供咨询服务时，必须保证提出的建议是公平的、无偏见的；
• 建造师不得将执业中得到的机密信息泄露给任何人、任何组织或公司；
• 建造师要履行与其职业相应的职责；
• 建造师要不断充实与其职业相关的新理念、新发展。

(3)按规定参加职业发展继续教育

为确保AC和CPC证书持有者在整个职业生涯中始终维持较高的专业技能，规定其通过有书面记录的继续教育和相关的服务来达到要求，该规定称

之为持续职业发展 CPD (Continuing Professional Development)。

① CPD 学分的获得

持证的 AC 和 CPC 必须在每个为期 2 年的注册期内获得 32 个 CPD 学分。学分的获得途径有：

• 参加培训

培训的内容要满足 CPD 的要求，即能够提高建造师的项目管理实践能力。高校的建筑专业课程；所有著名教育机构提供的建筑管理方面的培训课程等都是符合要求的，都可以获得相应的 CPD 学分。培训的每一课时为 50 分钟的教学内容。也可以选择一些非建筑专业的课程，如工商管理和金融方面的培训，MBA 的课程等。对与建造师不是明显相关的培训，AIC 要求能提供足以说明其实用性的证明材料。

AIC 要求被培训 AC 和 CPC 提供培训机构的课程设置和该机构的背景资料信息，以备需要时核查之用。

• 参加服务性的工作

AC 和 CPC 还可以通过参加建筑业各协(学)会举办的研讨会、参加慈善机构无报酬的义举工作获得 CPD 学分。参加这些活动每 1 小时可获得 1 分。但每 2 年中，此类学分最多为 12 分，其余的学分应通过课程培训获得。

在一年中，参与活动优秀的 AIC 会员可以获得额外的 1 学分。

对于在建筑业协(学)会或管理委员会中任领导职务的，在由其组织或主持的建筑业专业会议中，每 1 小时可获得 1.25 学分。

② 对 AC 和 CPC 的 CPD 评估

持证者每 2 年要接受一次 CPD 的评估，以检验其参加培训等是否符合 CPD 的项目要求。在 2 年内(一个注册期)持证者必须至少要获得 AIC 建造师注册委员会 CCC (Constructor Certification Commission)认可的 32 学分。且上个评估期的学分不得累计使用。

在每个注册期内，CCC 将随机抽取 25% 的 AC 和 CPC 进行强制性检查，要求他们向委员会提供他们 CPD 的记录文件以及其所有学分的资料和材料。其余 75% 的 AC 和 CPC 要向委员会提供一份署名的声明，以保证其继续教育和培训的真实性和证明其所参加培训的效果已达到了 CPD 的要求。

六、建造师资格的取消

如果 AIC 认定某个或某些个 AC 或 CPC 个人未能达到维护其资格的持续有效，将有权取消其资格。例如：

(1) 申请材料或其他材料的伪造、作假；

(2) 被判重刑；

(3) 不能完成"持续职业发展"所要求的内容；

(4) 违背建造师的行为准则；

(5) 不按期支付年费等。

对于拟取消资格的建造师，委员会将提前发出通知，允许当事人在指定的时间内向委员会提供一份书面申诉材料，说明情况或表明自己正在努力完成某些事项、改正某些不足。此后，如果委员会仍最终决定取消其建造师资格，将收回已颁发的资格证书和认证卡。如果当事人不按要求交回，委员会将起诉追回，并由当事人承担为此发生的一切费用。

注 1. AC 考试例题

背景材料：施工计划要求承包商铺设直径 36 英寸的 3 级混凝土管。

(1) 施工队伍的组成如下：

• 工长 1 名；

• 工人 4 名；

• 起重机操作员 1 名；

• 加油工 1 名。

(2) 当地劳动力单价为：

• 工长：$14.50/h；

• 工人：$13.00/h；

• 起重机操作员：$16.00/h；

• 加油工：$10.00/h；

• 25t 液压吊车：$360.00/d；

• 日完成量：70 直线英尺/d。

问题 1　铺设每直线英尺管线所需工时是(　　)。

　　A. 0.57 工时/直线英尺

　　B. 0.80 工时/直线英尺

　　C. 1.25 工时/直线英尺

　　D. 56.00 工时/直线英尺

问题2 根据背景资料的人员组成和劳动力单价,计算每日(按8h计)的人工费是( )。
A.$428.00   B.$532.00
C.$740.00   D.$1 120.00

注2.CPC考试例题
1.在什么情况下,承包商将提出项目赶工费用的索赔要求?( )
A.承包商根据业主的要求去赶回因非承包商原因导致的误工
B.承包商为了缩短工期获取提前竣工奖采取的增加资源投入的索赔
C.承包商强令所有工种加班加点的索赔
D.为方便装修,令现场工作提前完成所增加的费用索赔

2.以下那类人员应负责现场材料的储存?( )
A.合同管理人员
B.所有的项目参与人员
C.负责签收材料的分包商
D.未收到材料凭证的承包商

3.以下那项能力是最佳领导力的基础?( )
A.决策能力和经济意识
B.控制和管理能力
C.促进团队交流的能力
D.以身作则

2008'全球最大225家国际承包商座次排定

美国麦格劳·希尔建筑信息公司(McGraw-Hill)发布了2008年度Engineering News-Record(以下简称"ENR")全球最大225家国际承包商排名,我国内地共有51家企业榜上有名。

ENR的统计显示,全球225家最大国际承包商的海外经营业绩在2007年大幅飙升。完成营业额合计达到3102.5亿美元,较上年度的2244亿美元增长了38.3%,增幅比2006年上升19.8%。从地区市场状况看,225家承包商的海外业绩仍然主要来自欧洲(964.5亿美元)、中东(628.9亿美元)和亚洲(554亿美元)市场,三大市场营业额分别较上年增长了34.2%、52%和37.9%。此外,北非地区以75.3%的增长率位居增幅榜首,2007年贡献营业额131.7亿美元,只有加拿大和加勒比地区市场表现较差,分别上升3.6%和下降10.7%。从行业状况看,225家企业的石油化工、交通运输和房屋建筑类项目营业额居于行业排名前三位,合计占比达到75.2%,其中石油化工行业在2007年增长最快,达到77.5%的水平。本届全球最大225家国际承包商来自35个国家,更多的中国、土耳其及中东地区的承包商入选排名,正逐渐改变由美国、欧洲和日本企业一统江湖的局面。

纵观我国企业在本届排名中的表现,可总结如下特点:

一、海外业绩进一步增长,平均增幅接近全球领先企业水平。我国51家内地企业入选本届榜单,较上年增加2家,完成海外工程营业额226.78亿美元,平均营业额为4.45亿美元,相比2006年的3.33亿美元增长了34%,接近全球大型承包商业绩整体增幅。入选中国企业最低营业额也达到6200万美元,而2006年这一数字仅为3200万美元。

二、中国企业分布格局变化不大,排名各有升降。本届入选企业在榜单中的位置与上年基本相同,2家企业进入前25名,26~100名、100~200名、200名以后各有中国企业11家、28家和10家。14家企业排名上升,27家排名下降,1家维持不变,9家企业新入选。在前10位入选企业中,中国机械工业集团公司、中信建设有限责任公司、中国冶金科工集团、四川东方电力设备联合公司、中国水利水电建设集团公司排名均稳步提升,其中,四川东方电力设备联合公司和中信建设有限责任公司,名次分别提升了52和26位,但其余企业排名则有4~17位不等的下滑。

三、中国企业与国际领先承包商的实力仍有较大差距。名单显示,中国入选企业大都集中在名单的后半部分,排在100名以外的达到38家。本届全球最大225家国际承包商平均完成营业额为13.79亿美元,约为中国企业平均营业额的3倍,我国只有4家企业高于该水平。

国际机电工程项目发展趋势

◆ 曹跃军[1],唐江华[2]

(1.中国机械设备进出口总公司第七事业部,北京 100055;2.中国石油天然气管道学院,河北 廊坊 065000)

包括机械、汽车、电子、电力、冶金、建筑、建材、石油、化工、石化、矿业、轻纺、环保、农林、军工等行业的机电工程,是一个"大机电"。随着世界经济的发展,全球科学技术水平的不断提高,机电工程项目数量迅速增多,规模也越趋庞大,石化、电力、建材、交通运输等工业项目建设成为了发展中国家投资最为密集的领域,开始出现几十亿美元、甚至上百亿美元的机电工程建设项目,并呈现出以下的发展趋势。

一、工程规模大型化、复杂化

进入21世纪,世界各国加快了建设和发展的步伐,大型项目、超大型项目纷纷出现。发展中国家则集中财力重点建设一些基础工业项目,出现了一批大型的机电工程建设项目。

三峡水电站又称三峡工程,它是世界上规模最大的水电站,也是中国建设的最大型的工程建设项目。三峡水电站共安装有32台70万kW水轮发电机组,还有2台5万kW的电源机组,总装机容量2 250万kW,远远超过位居世界第二的巴西伊泰普水电站,项目总投资约2 000亿元人民币。其装机容量相当于尼日利亚全国所有电力总装机容量的4倍。该工程1994年12月正式开工建设,预计2009年全部完工,历时15年。

刚果民主共和国计划在刚果河下游修建大型水力发电站,称为英嘎拉普兹(GLAND INGA PROJECT)水电站项目,其规模相当于中国三峡大坝水力工程的两倍。多个国家企业联合投资建设,项目正在筹建之中。

尼日利亚拉格斯至卡洛1 315km铁路一期工程,由中国公司承建,合同额83亿美元。哈尔科特港至迈都古里尼铁路二期工程,全长1 500km,由韩国公司承建,合同额100亿美元。

在全球市场中,国际大型工程建设项目日益增多。在中国对外承包工程项目中,2004年以前基本上没有单项工程超过10亿美元的国际工程承包项目,而仅2006年一年,中国公司就签订了五个单项工程超过10亿美金的国外工程项目,最大的单项工程金额达83亿美元。2000年中国公司承接的对外工程合同金额超过1亿美元的项目只有9个,2004年增长到30个，而到2006年，则达到96个，项目最高单项工程金额也由3亿美元上升到83亿美元。

水泥行业，20世纪90年代，全球也就只有一两条单线日产上万吨水泥生产线，而现在全球已有十多条这样的生产线，中国就有多条。电力行业，单机100万kW级的火电站项目现在在全球随处可见。单机30万kW级的火电站，十年前在中国还是最重要的机组装备，而现在单机30万kW级别的火电机组在中国已属于限制性发展的机组，一般都在建设60万kW级及以上级别的机组。

在一定技术条件下，机电工程项目大型化往往伴随着效率的提高。高效率是项目发起人所追求的目标。随着科学的发展和技术的进步，机电工程项目大型化趋势仍将继续。

二、机电设备模块化、小型化

在机电工程项目向着大型化、复杂化发展变化的同时，大型复杂的机电设备则出现模块化、小型化的变化趋势，如大型复杂的机电设备制造成积木式的多个板块，在出厂前就完成了大部分以前要求在现场进行的测试和调试工作。设备运到现场后，只需要简单地将外部水、电、气的管线接到主要模块中，然后将各模块之间的管线连接好并进行一些简单的调整就能投入使用。大大地节省了现场安装和调试的时间，缩短了工期，提高了效率，保证了质量。

美国普惠公司（PRATT & WHITNEY）FT8型及其各类燃气轮发电机组系列产品就是典型的积木式结构，设备单机装机容量55MW。设备运到现场后，如外围条件具备，仅一周时间就能完成全部机组的安装和调试工作并投入发电。美国国防部在伊拉克战争和阿富汗战争中多次使用该机组用于现场紧急发电需要。该机组说明书对其特点的描述是：热效率高、很好的气候适应性能、启动快、模块式结构、安装容易快速、安装成本低、高可靠性和适应性、运输方便、维护成本低等。

新型材料的开发和先进技术的应用使得设备更加小型化，机电设备制造得越来越精致，工厂的占地面积越来越小。许多设备如变压器、齿轮箱、控制柜、风机等在容量和功能不变的情况下，设备的尺寸大大地缩小或者在尺寸不变的情况下，功能和能力大大地增加。目前，一座现代化50万kW级燃机电站，仅由几台计算机就能控制全厂各类运行操作工作，控制室规模大大地缩小了。现在建设一座2×60万kW燃煤电站占地面积仅30hm²左右，而十多年前同样的电站占地得40多hm²。

三、机电工程资源配置全球化

从技术上考虑，越来越多的现代机电工程项目，技术含量非常高，施工非常复杂。一个公司甚至一个国家都不可能对一个工程所有系统的技术完全掌握和控制。全球合作是提升一个企业或一个国家竞争力的最好方式。实际上，在全球化程度很高的今天，任何一项大型的机电工程项目，都是全球技术和全球产品的集合体。作为竞争主体的企业更应该掌控核心技术，依靠全球的合作伙伴，承接大型机电工程项目。

从经济上考虑，资源只有在全球范围内有效配置才会更加经济。经济全球化的趋势使得资源全球范围内的配置更加充分，全球500强跨国大公司充分利用全球资源，获得大量的超额利润。资源全球配置在机电工程项目上体现得尤为明显。

从机电工程所在国考虑，任何一个国际机电工程项目都有属地化的要求。一般当地政府都要求承包商尽可能多地使用当地劳工和技术力量，并尽可能多地使用当地的材料和设备。许多国家对这些方面都有明确的法律规定和限制。从承包方的角度来考虑，无论从经济上还是政治方面讲，利用当地资源也是非常有必要的。

技术水平的提高和交通运输能力的发展为项目资源全球配置提供了更加便利的条件，使资源全球配置更加充分。各国企业都在通过结构调整、跨国经营和技术创新，在全球范围内寻求更大的发展空间，国际市场的合作与竞争更加广泛和激烈。中国企业只有积极参与国际分工与合作，拓展经济发展空间，才能在国际机电市场中争取到有利的位置。

四、先进技术在机电工程中的广泛应用

（一）管理软件和网络技术在机电工程项目管理中广泛使用

管理手段和管理能力明显提高。通过长期实践形成了一套行之有效和规范的管理规则，管理理论更加成熟，更加有效地指导现代项目管理工作。电子邮件和电子网络的建立，管理软件和网络技术在项目管理中广泛使用，使项目现场与项目总部的沟通和信息交流更加便捷，项目的管理更加高效。

很多企业都建立了自己的局域网，利用局域网，在企业内部实现项目管理现代化。甚至有些企业建立了以Internet为基础的项目管理信息系统（PMIS），并应用到某些大型机电工程项目管理之中。在大型机电项目管理过程中，项目管理单位、业主、设计单位、供货单位、施工单位通过统一的相互联系网络系统，在其权限范围内访问系统的中央数据库，获取相关项目信息和资料。利用PMIS系统，实现项目管理监控、网上报表、文档上下载、发送指令、网上视频会议、项目信息发布、项目公告、在线录像、资源共享等。电视会议、电话会议在发达国家的项目管理中经常得到使用。通过现代化的管理手段，使项目管理更加方便、有效，节省成本开支。

（二）先进技术广泛运用到设计、制造、运输和施工各个环节

新技术层出不穷，新工艺的采用，新设备、新材料的出现使设计工作更加灵活，设计方案的可选余地变大。通过新设备和新材料的选用缩短了工艺流程，减少了投资，缩短了工期。先进施工方法的应用以及设备、装备能力的提高，大大地节约了工程成本，提高了效率，缩短了工期，机电工程项目的总体水平和档次不断提高。

20世纪80年代末期建设的北京燕山日产700t水泥厂是当时的亚运工程项目，主要是为1990年北京亚运会场馆建设提供水泥。在北京市政府的直接领导和指挥下，因受当时技术条件所限，工程从开工建设到完工历时27个月。而现在完成一个日产2 000t的水泥厂，从开工建设到完工仅仅需要12个月的时间。20世纪90年代，北京水泥厂投资8.4亿元人民币，花了2年多的时间兴建了一条日产2 000t的水泥生产线。仅仅过了十多年后的今天，建设一个同样规模的水泥厂，投资只需3亿元人民币，建设工期只有12个月。可见技术进步和能力提升对机电工程项目的工期和成本影响是巨大的。实际上，技术的进步和新设备、新材料的应用，同时也会提升项目的档次和水平。

五、对机电工程项目承包方的要求更高

从技术方面考虑，全球科学技术突飞猛进的发展，对机电工程项目的管理提出了更高的要求。机电专业分工越来越细，工程项目越来越复杂，管理难度越来越高。

从标准和各国政府要求考虑，很多国家不仅要求承包方和任何参与项目执行的企业应依据ISO 9000和ISO 14000建立自己的质量和环境管理体系，而且还要求按ISO 18000建立职业健康安全保障体系以及按SA 8000标准建立社会责任管理体系，对企业参与国际工程项目的竞争的要求越来越高。随着人民生活和教育水平的逐步提高，社会公众对企业社会责任问题的关注度明显提升，开始由单纯关心产品质量，发展到热心关注环境、职业健康、劳动保障和社区和谐等多个方面。各国政府更加强调人性化的管理，更加重视安全、健康和环境方面的管理。

从承包模式变化来考虑，受经济全球化的影响加上国际工程承包方式变化，承包商的角色也在发生变化，他们不仅是设备和服务的提供者，而且成为了项目的融资者和投资者。带资承包已成为竞争的重要手段。对承包商综合管理能力和商务运作能力提出了新的要求。

海外巡览

中国企业投资拉美的经验教训

◆ 吴国平

(中国社会科学院拉美所,北京 100007)

近些年来,随着中国经济的高速发展和改革开放进程的不断推进,中国企业的经济实力和国际竞争力都得到了极大的提升。中国企业走出国门,融入国际市场的速度在加快,中国在海外的直接投资呈现出快速增长的强劲势头。2006年中国海外直接投资净额达211.6亿美元,比2005年增长了87%,位居发展中国家第一位,当年流量居世界的第13位;其中非金融类投资176.3亿美元,比上一年增加了43.8%。

在中国企业实行国际化战略过程中,拉美和加勒比地区以其丰富的资源及靠近美国的区域优势成为中国企业的重要选择之一,中国在拉美的直接投资呈现出较快的增长趋势。尽管到目前为止,中国在拉美和加勒比地区直接投资中的绝大部分资金主要集中在该地区的开曼群岛和英属维尔京群岛,但随着像首钢、宝钢、中石油、中石化、五矿等世界级大型国有企业在拉美投资计划的实施和推进,中国在拉美和加勒比地区的投资结构正在逐渐发生变化。除上述两个群岛外,中国在拉美非金融类直接投资已经遍及拉美和加勒比地区的所有次区域和国家,甚至包括与中国未建交的中美洲国家。中国在这些国家的直接投资都呈现出快速增长的趋势。

2006年,中国在拉美非金融类直接投资超过500万美元的国家有7个(除两个群岛之外),其中除古巴外其余6个国家都集中在南美,中国在巴西的直接投资已经连续两年保持在1千万美元以上;中国在秘鲁、阿根廷、玻利维亚、智利和委内瑞拉的直接投资都出现了大幅度的增长。除两个群岛以外,2006年中国在巴西、秘鲁和墨西哥的非金融类直接投资的存量已经超过或接近1.3亿美元,这与中国企业在这些国家生产性直接投资的增加密切相关。这一趋势表明,中国企业在拉美的投资正在出现战略性的转变。他们开始从全球化背景下的企业长期发展战略需要出发进行国际战略布局,主动将国内的生产链向海外延伸,实现中国企业的跨国化经营。如果从1992年首钢收购秘鲁铁矿公司算起,中国大型企业投资拉美的历史已有15年,逐步积累了丰富的经验和教训。对于目前已经进入拉美,或者正在拉美寻找投资机遇的中国企业,先行者的经验教训是很值得借鉴的。

首先,要注意防范拉美国家的政策风险

当中国企业进入拉美,尤其是对拉美进行长期的战略投资时,必须要注意一些拉美国家在政策上

的变化可能造成的潜在投资风险。进入21世纪以来，拉美国家出现了一轮执政党更替和政府更迭的高潮。尽管政权交替在民主国家中是一种非常正常的现象，但是在拉美的这一轮权力交替中出现了一个新的特点：一些国家的政府更替是在具有不同政治倾向的政党之间进行的。因而随着新总统的上台，政府的执政理念发生了重要变化，并据此对20世纪90年代以来的经济改革政策做出了重大调整，尤其是在国民经济的重要领域和战略部门中的政策调整幅度更大。尽管这些国家的政局继续保持相对稳定，但是政府重大经济政策的突变，人为地改变了投资环境和投资者的预期，使得已经进入这些国家的外国投资者陷入进退两难的困境。这种现象在一些左翼政党掌权的国家中，显得尤为突出。

2007年1月5日，厄瓜多尔左翼政府总统科雷亚正式宣誓就职，上任不久的新总统就对该国的石油政策做出了重大改变，大幅度调整了外国石油公司与政府在石油收入中的分成比例，强化了政府对石油收入的控制。这是厄瓜多尔政府在短短两年期间，第二次大幅度修改石油收入分成比例。早在2006年4月之前，厄瓜多尔政府按照26美元一桶的协议价与外国石油公司达成协议，规定超出协议价部分的收入除交纳一定的税收外，大部分归石油公司所有。2006年4月，政府颁布了新的《石油修改法案》，规定外国石油公司必须将超出协议价格收入的50%上缴政府。然而时隔仅一年多，2007年10月科雷亚政府便下令将外国石油公司与政府的收入分成比例大幅度上调至99%。也就是说，每桶原油价格超过26美元后的收入变化将基本与经营企业无缘，这将使得外国石油公司的利润大幅度减少，甚至出现经营性亏损。这一政策变化，对两年前刚刚从加拿大人手中买下安第斯石油公司的中资企业而言，是一个不小的打击。

同样的情况也在玻利维亚出现过。玻利维亚总统莫拉雷斯上台不久，就在2006年5月宣布要对天然气生产实行国有化，并且要求已经进入天然气生产领域的外国公司必须在规定期限内与政府达成协议。此举招致了外国公司的强烈反对，甚至于有的国家政府出面与玻政府进行交涉。尽管此后玻利维亚政府放缓了国有化措施推进的步伐，在具体做法上有所缓和，并与外国公司经过谈判在最后期限内达成协议，但是它给那些想在玻利维亚能源部门淘金的外资企业亮起了政策风险的红灯。

其次，是要注意选择合适的投资地点与合作伙伴

对于多数想进入拉美市场的中国企业来讲，拉丁美洲和加勒比地区不仅在距离上遥远，而且在文化上同样也知之甚少。这一地区涵盖了33个国家和多个至今尚未独立的地区，由于历史和文化的差异，他们之间在经济发展道路和政策的选择上具有多样性的特点，以至于在对待经济全球化的态度上也表现出了明显的区别。即便在一国范围之内，资源配置、经济发展水平和地方政策的差异也非常突出。像巴西这样的国家，更是被人形象地比喻为拥有第一、第二和第三世界的国度。多数拉美国家实行的是联邦制，地方政府拥有较大的自治权，甚至享有地方法律的制定和实施权。在这样的背景下，一些拉美国家的地方政策甚至可以改变整个国家经济的命运。1998年，巴西政府就因为地方政府拖延偿还到期的中央政府债务，而导致整个国家陷入严重的金融动荡；在此后的阿根廷危机中，联邦政府对地方政府的财政赤字一筹莫展，导致阿政府难以同国际货币基金组织达成必要的协议，从而使阿根廷危机愈演愈烈。

在具体对待外资的态度中，地方政府拥有最终决定权。在具体的外资项目的审批中，地方政府既可以提供各项优惠政策予以鼓励；也可以在环保评估方面一票否决。在这样的背景下，对于要想进入拉美并参与区域市场竞争的中国企业来讲，选择一个合适的投资地点和理想的合作伙伴是取得成功的重要因素之一。中国宝山钢铁公司在巴西兴办合资企业的经验就是一个很好的例子。宝钢选择了当地最大的铁矿石公司巴西淡水河谷公司作为其合作对象，并将合资项目的地址选在巴西经济相对较为发达的东南部地区，该地区拥有较好的人力资源、产品消费市场和交通运输便利的优势。与此同时，宝钢还充分利用当地的合作伙伴和专业人才进行各项公关工

作,从而使得合资项目获得了当地政府的大力支持,并在较短的时间内就通过了审批正式立项。2007年10月18日,宝钢与巴西淡水河谷公司合资的巴西维多利亚钢铁公司正式成立,这是宝钢在海外成立的第一个钢铁生产基地,并由此迈开了其全球化跨国经营战略的重要一步。

第三要关注劳工风险,正确处理好劳工问题

拉美国家有着较为强大的工会力量,而且各行各业都有自己的工会,一般职工都是通过工会争取各自的权益,由此产生的劳工问题是外国投资企业无法回避的一个重要问题。不仅如此,甚至在今天的拉美政治中,工会已经成为各种政治势力竞相争夺的一支重要的政治力量,一般情况下政府不会轻易得罪工会,因此在劳资纠纷中政府的天平往往是倾向于工会的。今天的巴西总统卢拉就曾是该国工会运动的领袖。

复杂的劳工问题和令人眼花缭乱的涉及劳工的法律,对很少与劳工问题打交道的中资企业是一个全新的课题。但是,中国企业进入拉美之后,他们不可避免地要面对特别能战斗的形形色色、大大小小的拉美工会组织,以及由此产生的各类劳资纠纷。由于中国企业缺乏处理劳工问题的经验,也缺少对当地劳工政策的研究,因此在最初解决劳资纠纷中常常采取花钱息事宁人的做法,结果往往适得其反。对此,最早进入拉美的中国大型国有企业首钢是有很深刻的教训。

1992年,首钢高价收购了秘鲁铁矿公司,此后在公司的运营中就不断受到劳工问题的困扰。尽管经过多年的磨炼,公司的业绩有明显的提升,到2006年公司的产量比1992年翻了一番,销售额也达到了2.9亿美元,公司利润大幅度增加;也尽管这家有着上千名职工的企业,其员工的工资在同行中名列前茅,并且享有各种优厚的福利待遇,但是公司职工要求提高待遇的行动却从来没有停止过,并不断通过工会组织的罢工来实现自己的要求。首钢秘铁公司不得不将较大的精力放在劳工问题上,使得公司正常的生产和工作秩序一再受到干扰。仅2005年6月至2006年6月的一年内,公司就遭遇过3次大的罢工。

2006年6月19日,该公司职工再次举行罢工,要求增加基本工资并提出其他附加条件,造成公司每天经济损失40万美元和1.8万吨铁矿。在劳资双方多次谈判无果的情况下,最终由当地劳工局裁定,首钢秘铁公司给每名职工每天增加工资3.3索尔和一次性补贴570索尔,这才结束了这场罢工。然而一波刚平一波又起,就在此次纠纷解决不久,7月8日600多名临时工又举行罢工,要求与正式职工同工同酬,并且要求恢复被解雇的3名临时工的工作。罢工者封锁道路和厂区,公司被迫宣布全面停产,双方进入对峙状态。最终仍是在政府的干预下,以公司做出让步而宣告罢工结束。公司恢复被解雇工人的工作,按照正式职工增加日工资的标准提高每位临时工的日工资收入。

因此,中国企业在进入拉美之前,必须对劳工问题和由此产生的劳工风险要有足够的思想准备,并且要对当地的劳工市场进行深入的了解,要有自己的劳工问题的谈判专家和专门的法律人才。相对而言,越是大型企业,越是大型投资项目和独资企业,劳工问题带来的挑战也将更加严峻。中国投资者在进入拉美之前,了解投资国的劳工政策、熟悉劳工问题是不能不做的必要作业。

不可抗力事件对建筑企业履行施工承包合同的影响及其处理

◆ 曹文衔

(上海市建纬律师事务所，上海 200050)

5.12汶川大地震造成的巨大人员伤亡和财产损失，其中大部分与施工承包人的施工合同标的物——建筑物、构筑物以及道路、桥梁、水坝水库等基础设施工程的损毁有关。事实上，就施工合同标的物而言，地震中损毁的不仅有大量已完工程，还有大量在建工程。灾难过后，生活仍在继续。而中国是一个多种自然灾害频发的国家，有关施工承包企业有必要就自然灾害对企业正在履行的各类合同产生的影响进行法律评估，并制定相应对策。本文将从适用法律和工程惯例的角度，分析自然灾害等不可抗力事件对建筑企业订立和履行的施工承包合同所产生的影响，并提出处理建议。

一、法律、法规有关不可抗力的定义

我国现行法律对于不可抗力的定义体现在《民法通则》第153条和《合同法》第117条第2款的规定："本法所称不可抗力，是指不能预见、不能避免并不能克服的客观情况"。所谓"不能预见"，是指与不可抗力事件有关的当事人对于已发生的不可抗力事件不可能事先预知。此类不能预见，既要根据现有的科学技术水平，也要考虑当事人对某种事件的发生不可预见的主观认知能力。此外，不可抗力的范围并非一成不变：现在不能预见的，将来未必不能预见；甲不能预见，并非乙也一定不能预见。"不能避免"，是指当事人已尽最大努力和采取一切可采取的措施，仍不能避免某种事件的发生。"不能克服"是指当事人在某种事件不可避免地发生前后，虽已尽最大努力和采取一切可采取的措施，仍不能克服该事件带来的损害后果。不能避免和不能克服，表明事件的发生、发展和造成的损害具有一般人力不可抗拒的必然性。

二、对不可抗力定义的理解

虽然法律对不可抗力已经给出了看似明确的定义，但实践中，人们对于上述定义的理解仍然存在着差异。比如，关于"不可预见"，是要求对于不可抗力事件在发生的时间、地点、强度或后果等主要因素上均不可预见，还是仅要求对其中某一主要因素不可预见？当事人的不可预见，是指在订立合同之前或之时不可预见，还是指在不可抗力事件发生之前不可预见？所谓"不能避免并不能克服"对于当事人采取的措施是否合理得当如何判别？

首先，笔者认为，在不可抗力的定义中，"不可预见"应当理解为当事人一方在通过订立合同约定履行一定的义务享有一定的权利时，对于合同履行过程中自己一方或者合同相对方将要遭遇的不可抗力在主观上和客观上均是不能预见的。当事人不可预见的时间点应当在订立合同之前或之时。比如，在2008年5月12日14:28之前，合同当事人无法预料发生汶川地震，并签订了在震区工程施工的有关合同时，汶川地震包括此后发生的若干余震对于合同双方而言，均属于不可预见的客观事件；地震发生后，如果合同双方签订了有关在震区搭建抗灾活动房的施工合同，那么对于强主震之后可能发生的余震，合同双方应当能够预见。因此，在活动房施工合同履行过程中，由于余震对履约的干扰影响就不能视为不可抗力的后果。合同签订后，影响履约的客观事件发生前，如果合同一方预见了该客观事件必然发生并对履约产生不利影响，除非该方与合同相对方能够协商签订补充协议，对有关该事件影响合同履行的后果作出约定，对双方的有关合同权利义务作出适当的调整，否则，对于前者的合同权利、义务而言，此时对事件的预见已经为时过晚。

其次，笔者认为，只要当事人对于不可抗力事件在发生的时间、地点、强度或后果等主要因素之一方面不能预知即应认定为"不可预见"。比如，根据气象历史记载和气象科学的分析，中国东南沿海每年7、8月均遭遇台风，并几乎每年均造成程度不同的破坏。对于未来年份台风登陆的地点和强度、后果可能在台风生成后作出短临预报，但事先一般不能作出长期准确预报，因此，中国东南沿海的台风在台风季节之前应当属于"不可预见"的客观事件。

再次，笔者认为，是否不可预见，还与当事人认识客观事件的知识、能力等有关，也就是说，就发生的同一客观事件，对于甲可能不可预见，对于乙则完全是可预见的。比如，当地百姓众所周知，某地点经常发生雨后山体滑坡；而外地旅行者可能选择在滑坡地点野营。根据媒体最近披露的信息，汶川县城的许多房屋建筑就建在地质灾害频发的地点。地震之前，就曾多次发生破坏性的地质灾害，并造成人员伤亡。因此，如果这些建筑物的建设单位在规划设计阶段就知道上述情况，而仍与施工企业签订施工承包合同，则汶川地震对履行此类房屋施工合同造成的不利影响至少对于建设单位而言，不应视为不可抗力。

最后，笔者认为，所谓"不能避免并不能克服"对于当事人采取的措施是否合理得当的判别应当结合当事人客观上具有的采取措施的能力综合评判。比如，经常在东南沿海地区承包建设工程的建筑企业对于施工过程中的防台风灾害应当具有成熟的能力、经验和有效的预案及措施计划。在建筑企业采取了一个合格的有经验的承包商通常应采取的应对措施之后，在通常合理的范围内由于台风造成的损失可以视为不可抗力的结果，但由于建筑企业的过失，或者采取的措施明显不合理等造成的超过合理范围的损失则不能作为不可抗力的结果加以处理。因此，对于建筑企业而言，不应简单地认为，只要发生了不可抗力事件，一切受该事件影响造成的合同义务不能履行的责任均可免除。

三、法律、法规有关处理不可抗力事件后果的一般规定

民法通则第72条规定："按照合同或者其他合法方式取得财产的，财产所有权从财产交付时起转移，法律另有规定或者当事人另有约定的除外"。

合同法第133条规定："标的物的所有权自标的物交付时起转移，但法律另有规定或者当事人另有约定的除外"。

合同法第142条规定："标的物毁损、灭失的风险，在标的物交付之前由出卖人承担，交付之后由买受人承担，但法律另有规定或者当事人另有约定的除外"。

因此，以上法律规定可归纳为：除非法律另有规定或者当事人另有约定，财产所有权人对其所有的财产承担意外毁损灭失的风险责任。

此外，对于合同履行不能的后果处理而言，合同法第117条规定："因不可抗力不能履行合同的，根据不可抗力的影响，部分或者全部免除责任，但法律另有规定的除外。当事人迟延履行后发生不可抗力的，不能免除责任"。

四、现行施工合同示范文本(GF-99-0201)有关不可抗力事件后果的规定

现行施工合同示范文本(GF-99-0201)第39.3款对于上述法律规定的不可抗力事件后果处理原则进行了细化。根据该款规定，因不可抗力事件导

致的费用及延误的工期由双方按照以下办法分别承担：

（1）工程本身的损害、因工程损害导致第三人人员伤亡和财产损失以及运至施工场地用于施工的材料和待安装的设备的损害，由发包人承担；

（2）发包人、承包人人员伤亡由其所在单位负责，并承担相应费用；

（3）承包人机械设备损坏及停工损失，由承包人承担；

（4）停工期间，承包人应工程师要求留在施工场地的必要的管理人员及保卫人员的费用由发包人承担；

（5）工程所需清理、修复费用，由发包人承担；

（6）延误的工期相应顺延。

此外，上述示范文本第39.4款还规定，因合同一方迟延履行合同后发生不可抗力的，不能免除迟延履行方的相应责任。该规定与合同法第117条的规定一致。

有必要提醒建筑企业关注的是，一方面，上述示范文本对于一项具体工程的承发包双方而言，并不具有当然的合同约束力。事实上，许多情况下，一项具体工程的承发包双方并不完全采用上述示范文本内容作为该项工程施工承包合同的内容，而往往通过专用条款、补充条款或另行制定其他合同文本的方式对上述示范文本第39.3款进行修改，或者重新约定。当事人的另行约定只要不违反法律、行政法规的强制性规定，其效力将高于法律的一般规定，也自然高于示范文本的规定。另一方面，如果具体订立的工程合同，并未采用上述示范文本第39.3款的规定，也未对不可抗力事件的后果处理作出其他约定时，则基于法律规定所确立的所有权人自行承担其自身财产的不可抗力损失的处理原则，结合工程合同订立、履行的具体阶段和具体情况加以处理。

五、不可抗力事件对施工承包合同影响的处理

在合同当事各方对于不可抗力事件后果的承担没有明确约定的情况下，笔者认为，建筑企业应按下列方式处理不可抗力事件对施工承包合同的影响：

（1）对于已经签订尚未实际履行的合同，如果承包人因不可抗力造成履约所需的技术人员重大伤亡、施工机械设备毁损灭失，或者已经丧失继续履行合同的经济能力（如按照合同约定垫付前期工程进度款的能力），建筑企业可以不可抗力导致履约不能为正当理由，要求终止或解除已经订立的施工承包合同，并免于承担违约责任。对于已经中标而尚未订立施工承包合同的中标建筑企业，也有权依照法律规定的上述免责理由放弃订立中标合同，并有权返还中标人已经向招标人交纳的投标保证金。

（2）如果承包合同因不可抗力而终止或解除，对于施工承包合同订立后承包人已经收取发包人支付的预付款，承包人已经完成的工程量对应的价款金额小于预付款金额的，发包人有权要求承包人返还预付款中尚未形成工程量的部分；承包人已经收取发包人支付的备料款，承包人尚未备料或者虽已签订材料采购合同但按约尚未支付价款，或者按约已经支付给供货人的材料价款金额小于承包人收取的发包人备料款金额的，发包人有权要求承包人返还备料款中尚未按约支付、使用的余款。

（3）承包合同未因不可抗力影响而终止或解除，但由于不可抗力影响导致原来约定的工程价款中的材料、人工价格上涨的，承包人依法可免除或者部分免除不能按照原约定价款完成工程的责任。换言之，即便对于原约定固定单价或者固定总价的合同而言，承包人也有权就因不可抗力影响导致的工程价款的增加要求发包人予以补偿。尽管如此，承包人在要求价款补偿时，不能简单地以不可抗力发生后材料、人工的市场价格上涨为由，要求发包人补足不可抗力发生前后的材料、人工市场价格差。以汶川地震为例，地震前后全国各地主要建筑材料、人工的市场价格均处于大幅上涨通道，即便在未受地震影响的地区也是如此。因此，受汶川地震影响的承包人对于在震区履行的施工承包合同，如果主张工程价款因不可抗力影响而增加价款，应当扣除非地震因素导

致的价格上涨部分。当然，对于原约定单价按照市场价格（包括以有关建材价格管理机关公布的信息价、中准价等随市场因素变动的定额单价）调整的非固定价合同，承包人无须区分市场价格变动中哪部分对应于不可抗力因素，哪部分对应于其他市场因素，仅直接依据合同约定即可要求调整合同价格。

(4) 对于依照施工承包合同约定已经完成并已经发包人或发包人委派的监理工程师查验通过的工程，由于不可抗力事件影响导致损坏甚至灭失的，承包人仍有权依照合同约定取得该部分查验通过工程的工程价款。对损坏或灭失工程的清理、修复费用应由发包人承担。

(5) 对于依照施工承包合同约定已经完成但尚未经发包人或发包人委派的监理工程师查验通过的工程，由于不可抗力事件影响导致损坏甚至灭失的，承包人仍有权依照合同约定取得该部分工程的工程价款；对损坏或灭失工程的清理、修复费用应由发包人承担，但前提是，承包人应能够提供其他证据证明不可抗力事件发生之前，承包人的该部分工作成果已经形成，且发包人或发包人委派的监理工程师未对该部分工作成果提出质量、规格等方面不符合合同约定的证据或理由。否则，承包人就上述质量、规格等不符合约定的有瑕疵的部分工作成果因不可抗力所造成的损失应当与发包人分担，其中承包人分担的损失至少应相当于消除上述瑕疵所花费的返工、修复费用。如果消除上述瑕疵必须将已形成的工作成果拆除重作的，承包人应自行承担该部分工作成果因不可抗力导致损坏甚至灭失的损失。

(6) 对于已经部分交付发包人的工程，无论该等交付的工程是否已经发包人实际验收，也无论该交付是基于承发包双方协商一致，还是基于发包人单方面先行占用，任何已经交付发包人的工程，由于不可抗力事件影响甚至其他不可归责于承包人的原因导致损坏甚至灭失的，承包人无需承担责任。

(7) 对于运至施工场地用于施工的材料和待安装的设备的损害，应根据不同情形分别处理：

A 对于合同中明确的由发包人负责采购供应的材料设备，即通常所说的甲供料，其损害一般应由发包人承担，除非出现下列C的情形。

B 对于合同中明确的由承包人负责采购供应的材料设备，即通常所说的乙供料，只要这些材料设备未被固定安装在合同约定的永久工程上，通常认为这些材料设备仍属于承包人拥有所有权的动产，其损害一般应由承包人自行承担，除非出现下列C或D的情形。

C 在某些采购合同中，如果约定供货人在收到全部采购合同价款之前保留材料设备所有权（此类约定在法律上称为所有权保留）的，其损害一般应由约定的材料设备所有权人自行承担，即货款付清前由供货人承担，货款付清后由采购人承担。甲供料时，采购人为发包人；乙供料时，采购人为承包人。

D 在某些施工承包合同中，如果约定用于工程的材料或者设备，一旦运抵施工现场，就视为发包人的财产，此时，无论甲供料还是乙供料，运至施工场地后因不可抗力导致的损害，均应由发包人承担。

(8) 对于已经交付但发包人仍欠付工程款的工程，如果工程本身损毁灭失的，无论损毁灭失的原因是否不可抗力，承包人将丧失合同法第286条规定的工程款优先受偿权，但基于施工合同确定的工程款债权作为一般债权依然存在。

(9)关于保修责任。如果工程本身损毁灭失的，无论损毁灭失的原因是否不可抗力，承包人对工程的保修责任随之被免除。

(10)对于因工程损害导致第三人人员伤亡和财产损失的，仍然应按照示范文本的规定，由发包人承担；因不可抗力影响延误的工期相应顺延；发包人、承包人人员伤亡由其所在单位负责，并承担相应费用；承包人机械设备损坏及停工损失，由承包人承担；停工期间，承包人应工程师要求留在施工场地的必要的管理人员及保卫人员的费用由发包人承担。但是，如果由于发包人的原因导致工程竣工日期迟延，而在迟延的时间内发生不可抗力事件的，承包人的机械设备损坏及停工损失，应由发包人承担。

印度电力EPC项目设备安装合同浅析

◆ 陈永鑫，杨俊杰

一、印度S火电厂项目简介

现场：印度S火电厂工地。

业主：印度某电力发展有限公司(X-Power Development Corporation Limited)。

工程师(分设计咨询工程师和现场施工管理/质量控制工程师)：代表业主对工程项目进行监督管理的咨询工程师。S电厂的业主设计咨询工程师为印度发展咨询私人有限公司(DCPL - Development Consultants Private Limited)，现场施工管理和质量控制工程师为印度国家电力公司(NTPC - National Thermal Power Corporation)。

总承包商：中国某电气集团公司
设计单位：西北电力设计院
监理单位：印度某监理公司
分包商一：中国某火电建设公司

中国某电气集团公司与印度某电力发展有限公司(X-PDCL)于2004年8月签订了《印度S-2×300MW火力发电厂工程总承包合同》。工期从2004年7月签发授标函(LOA)时开始计算。该合同的工作范围包括除煤处理系统和水处理系统等外的全厂所有系统的设计、供货、施工安装、调试、性能保证试验、直至一年质保期结束。

在对中印所签合同的充分理解基础上，中国某电气集团公司工程分公司(甲方)和中国某火电建设公司(乙方)，就S-2×300MW电厂的汽轮机/发电机本体及附属系统安装工作进行了友好协商，双方达成协议，于2006年1月签订以下合同条款，共同遵守执行。该项目分包总价以人民币结算，但总承包是以美元结算，明显存在汇率风险；分包价在1 000万美元左右。

实施印度S火电厂项目亏损已成定局，现正处在索赔准备阶段。因没最终结算，具体数额还没数据，其亏损的基本因素有如下几条：

1. 工期拖延，罚款严重

计算工程工期是以国内工期为标准来估算印度工程的，预算工期太乐观。预计2007年8月完工的项目，至今仍继续施工，基本拖延一年余；预计仅此一项损失即不下500万元人民币。雇请的当地工人效率太低，无大型工程经验，培训接受能力不强，且每天上午9点全丢下工作，做弥撒(宗教信仰)约半个多小时以上。工人无压力感，自然工作没效率，且较散漫。

2. 人民币与美元汇率变化

自去年以来人民币对美元连续快速升值使项目成本大幅度增加，该项目原报价都以美元结算，因工程时间长,且在工程时间内美元贬值,造成设备、材料、人工、利率等各项费用约提高了15%~20%上下;但此项目是EPC工程总价相对固定的项目,导致本来赢利不大的项目因种种外部环境成为亏本项目;如时间越长,亏损额度越大,但管理者已注意到此点。

3.印度关税高

运往印度的工器具要收高额的关税,如电力设备进口税一般为设备费20%;材料进口关税一般为10%~15%,所以中国公司去印度做工程的设备如果只在印度做一两个工程,设备费就损失非常大,尤其电厂工程的履带吊、坦克吊都是价值数千多万一台的,很多小型的机具如果算上来回运费及关税还不如留在当地,所以要做长期工程才有高额利润,否则划不来。

4.印度的规范标准要求比较保守

印度技术规范一般引用英国的,由于电厂在印度不多,印度国家规范比我国要保守。例如:管道壁厚印度规定一般都比中国标准规定的要厚,因印方招标书中对管道需要考虑的腐蚀、磨损及机械强度要求的附加厚度α要求较高,具体为:四大管道为1.6mm,普通管道为1.5mm;而《管规》中认为对于大部分管道可以不予以考虑,为了满足印方招标书中的要求,进而顺利通过IBR审查,印度项目壁厚计算中需要考虑附加厚度α,因而管道壁厚可能会比国内常规机组增加,材料费自然要较国内要多,从而引起可能的投资增加。

5.印度的投资环境

关键是我们对印方的投资环境,包括与项目相关的法律法规(如税法税率)、行业规定、招标文件及合同条件等缺乏深入的研究和谈判改进,这方面中国公司缺乏思想上、意识上、行为上的应对准备,一遇不利情况出现就感到束手无策、无可奈何。现将合同条款部分作一浅析供同行参考。

二、分包合同部分原文

1.合同的工作范围和内容

为了保证甲方承揽的印度S-2×300MW(1号、2号机组的)火电厂的汽轮机/发电机组安全、稳定、满发以及加快两项目的进度,甲方将此项目的汽轮机/发电机本体及附属系统安装工作委托给乙方。

乙方工作范围和内容见附件(文件较大没细列)。

1.3 乙方在本项目的工作应覆盖汽轮机/发电机本体及附属系统安装的施工前期准备、设计配合、施工安装、配合分系统调试及整套启动调试运行直至按照合同要求移交业主的整个时间区间。

乙方应负责汽轮机/发电机本体及附属系统安装的策划并提出详细的施工组织设计文件,报甲方批准后实施,甲方的批准不能免除乙方对施工组织设计的正确性、合理性所承担的责任。

乙方负责配备必要的供安装、试运过程使用工器具、临时系统/设备,以满足本合同规定的各项任务。

乙方负责配备必要的专家团队和技术队伍(包括高级技师),为高质量完成本合同范围的各项安装、调试运行工作提供保障。如有必要,乙方可考虑聘用当地劳工,但应自行管理,所涉及的工会问题由甲方协调,费用由乙方承担。

乙方赴印度现场的安装队伍必须服从甲方现场指挥部的管理,遵守现场各项规章制度;遵守印度法律法规以及各项规章制度。否则,责任自负并承担相关的经济损失。

本项目的关键在于进度控制,乙方应按照工程综合进度计划和里程碑计划要求,编制详细的二级、三级、四级计划以及月、周、日计划,并组织实施;对于执行中存在的问题,主动积极提出解决措施并组织实施。同时,应按照甲方现场指挥部的统一要求,提交日、周、月等进度报告。

根据中印两国相关的强制性法律、法规、标准及行业标准及ISO 9001-2000标准建立的质量管理体系,编制必要的质量文件,在本项目的各阶段进行质量管理工作,从而满足《中印合同》汽轮机/发电机本体及附属系统安装要求规定的各项质量要求,最终形成合格的产品。在施工过程中,乙方应对施工记录、验收文件的完整性负责。尤其是乙方应编制现场施工试验检验计划(FQP-Field Quality Plan),并在施工、调试过程中予以实施。质量文件,尤其是需要提交给业主、工程师以及与印度当地安装分包商交接发生的文件,应提交英文文件。

乙方在工程前期和合同执行过程中需要与甲方的设计单位、制造厂进行设计协调配合,以使工程顺利进行。乙方有责任根据安装实际情况,提出合理化建议,供甲方决策。设计修改、不符合项的处理按照甲方现场指挥部的程序进行处理。

乙方在合同执行过程中,通过甲方和/或在甲方的授权下,与业主、工程师、甲方的其他分包商(中国或印度当地)进行的协调、沟通活动应该是及时而富有成效的。乙方应具备这种协调和沟通意识和能力,以推动本合同规定的各项工作。

乙方负责其安装范围内的缺陷处理,包括单体/单机试验、分部分系统试运、整套启动阶段直至最终移交;非乙方原因引起的缺陷处理工作,由甲乙双方协商解决。

2. 合同期限

按照《中印合同》规定和工程综合进度安排,S工程的主要工程进度如下:

(1) 零日期(业主签发 LOA 日期);
(2) 1 号机组第一次并网:LOA 后 30 个月末;
(3) 2 号机组第一次并网:LOA 后 33 个月末;
(4) 1 号机组投入性能保证期运行(COD):LOA 后 33 个月末;
(5) 2 号机组投入性能保证期运行(COD):LOA 后 36 个月末;
(6) 1 号机组最终验收:LOA 后 45 个月末;
(7) 2 号机组最终验收:LOA 后 48 个月末。

汽轮发电机安装施工进度计划,安装施工里程碑计划:S厂机组应在具备汽轮机安装条件后 4 个月内实现扣缸,5 个月内完成汽轮机本体的安装,6 个月内完成油冲洗;S厂 2 号机组与 1 号机组间隔 3 个月。

因此,乙方应按上述工期要求工作,并配足需要的各类工程技术管理、施工人员和配套人员,以及配套的机具。

在工程施工中,如果综合进度改变,乙方应按改变后的进度进行安排,以完成乙方范围的所有工作。

3. 支付方式

(1) 本合同采用人民币根据如下里程碑在国内提交相应单据后按比例逐台支付。

(2) 本合同生效后 15 天内支付合同费用的 10%作为预付款。

(3) 台板就位付 5%。
(4) 三缸扣盖付 10%。
(5) 发电机定子就位付 10%。
(6) 发电机穿转子付 10%。
(7) 汽轮发电机附属设备及管道安装完成付 10%。
(8) 油循环合格付 10%。
(9) 并网成功付 15%。
(10) 取得初步验收证书付 5%。
(11) 性能试验合格付 5%。
(12) 取得最终验收证书付 10%。

4. 乙方的义务

(1) 乙方的一般责任:乙方应根据合同的各项规定,细心和勤勉、优质高效地对工程进行安装、调试,并完成工程和保修。乙方应根据合同规定,提供为安装、调试和保修所必需的全部的监督、劳务、材料、机具、乙方的设备及所有其他物品。包括但不局限于:

1) 乙方工作范围内货物的开箱、清点和检查。
2) 基础水平的最终调整。
3) 提供施工用的消耗材料(含焊条)。
4) 保护乙方安装的属于甲方或业主的设备的安全。
5) 提供乙方人员往来工地和驻地的交通。
6) 提供安装和施工所需的所有设备(行车以及制造厂提供的专用工具除外)、装备、工具和器具等。
7) 为完成本合同规定的各项安装任务,必要的现场和/或印度当地加工厂/分包商的加工、装配、设备/器具的租用以及其他类型的工厂化的工作(如管道酸洗等)属乙方责任,甲方可提供帮助。
8) 提供安装和施工所需的临时梯子、平台、支撑和设施等。
9) 提供安装和施工所需的数量充足的熟练和半熟练工人,非熟练工根据印度的有关法律应由乙方在印度当地按有关当局的要求雇佣具有资格的人员;特殊工种(电工、电梯工、起重工、焊工、车船驾驶员、爆破工、潜水工等)要经专业培训,并持有政府主管部门签发的合格证上岗并且符合中印合同的有关规定（焊工现场培训并通过印度当地焊接协会的考试,亦属乙方责任）。

10) 修建乙方人员使用的现场(厂房内)办公室、存放乙方设备的存储设施以及必需的施工设施及临建。

11) 承担其邮政、电信的费用。

12) 完工后清理其施工场地。

13) 喷刷其安装的设备的面漆。

14) 为乙方所有现场人员办理人身意外伤害保险和重大疾病医疗保险。

15) 提供施工期间其现场人员的所有安全、防护措施。

16) 提供其现场人员的身份卡,工作时必须佩戴。

17) 随时采取足够的措施防止火灾发生,这些措施需得到甲方和业主、工程师的批准,其现场办公室、存储场地和员工宿舍等地应配备充足的消防设施,甲方对于由乙方引起的火灾而产生的损坏和损失不承担责任。

18) 在其现场办公室、存储场地和其人员的工作场地及生活场地提供卫生设施并应获得甲方和业主、工程师的批准。

(2) 按要求完成本工程的施工组织设计,报甲方批准。甲方的批准不能免除乙方对施工组织设计的正确性、合理性所承担的责任。

(3)《中印合同》汽轮机/发电机本体及附属系统安装要求、甲方和业主和/或咨询工程师所签订与乙方有关的会议纪要以及备忘录的相关条款也是乙方应遵守和履行的职责。

(4) 除由于法律或实际上不可能做到的情况外,乙方应严格按合同规定进行工程施工、完成工程及保修,达到使甲方达标投产验收的程度。乙方应严格遵守与执行甲方就有关该项工作的任何事项所发出的指令,无论这些事项在合同中写明与否。

经甲方认可的乙方暂估人员派遣计划,是合同有效组成部分。乙方应根据工程总进度计划、现场需要和甲方的安排及时派遣人员赴现场工作。

项目里程碑不能按时实现,乙方应根据工作实际情况调整人员派遣计划,以满足工程需要。乙方负责完成汽轮机/发电机本体及附属系统的安装、分部试运、配合分系统试运和整套启动调试、直至移交以及一年质保责任。

乙方应按照工程总进度和甲方的安排按时提交各种管理制度并必须执行甲方的工程项目现场管理制度;完成编制工程施工组织设计、技术措施、提出工程量和材料计划清单、验收等各项工作。乙方对整个现场各种操作和施工方法的适用性、稳定性和安全性全面负责,但是,应服从甲方及业主或工程师的现场协调。

乙方应遵守现场建立的现场施工工作程序,土建移交安装、安装移交调试的工作程序,并付诸实施,以保证各种施工记录、试验、验收等质量文件的完整性。这些记录、文件应及时提交各甲方统一管理。

乙方应将其在审阅合同文件及施工过程中发现的工程设计或技术规范中的任何错误、遗漏、误差和缺陷及时通知甲方。

乙方在工程前期和合同执行过程中需要与甲方的设计分包单位、制造厂进行设计协调、配合,以使工程顺利进行。

乙方应协助甲方向业主收款,负责完成、整理并提交相应的技术支持文件,比如单项工程完工证书、工程施工过程的阶段完工量,这些文件应已取得业主/咨询工程师的认可。

现场安装安全措施,在现场施工、调试过程中杜绝重大人身事故。

乙方应加强安全管理,制定措施,并按照现场甲方的要求设置安全管理机构,配备专职合格的安全管理人员,负责处理全体工作人员和劳务人员的安全保护和防止事故等问题。

在甲方协助下负责处理乙方人员以及由于乙方原因所发生的一切伤病和死亡事故。费用由乙方负担。

乙方人员应遵守印度中央和地方法律和法规及其他规章,并应尊重当地人民的宗教和习俗,与当地人民友好相处。

在甲方的协助下,负责向制造厂、设计院收资。应备齐各种适用的规范、技术手册和参考资料等。

案例分析

整理工程移交验收资料,协助甲方向业主进行工程移交。

凡需向印方提供的资料、技术指导文件、函件等均应使用英语,并按要求的格式和份数出版。

施工安装实施文件,应具备必要的深度,辅之以各种易于操作的表格、详细步骤。

这些文件,乙方应向甲方提交光盘。

乙方必须设置工程进度控制机构,应用国内外较流行的 P3 项目管理软件或 MS Project 进行进度控制。乙方根据甲方的里程碑进度计划和甲方编制的一级进度计划和二级进度计划,编制三级(分部)进度计划(深度至分部工程)、四级(执行)进度计划(深度至分项、分段工程),报甲方审批并执行。

现场整洁:在工程施工期间,乙方应保持现场不出现不必要的障碍,排除雨水和污水,并应将任何乙方的设备和多余材料储存并作妥善安排,从现场清理并运走任何废料、垃圾及不再需要的临时工程。

避免对道路、排水设施的破坏:乙方应采取一切合理的手段,防止与现场连接或通往现场的道路以及厂区道路、厂区排水设施受到乙方因交通运输而造成的损坏。

竣工时的现场清理:移交证书签发后,乙方应立即从签发了移交证书的那部分工地上将所有有关的乙方的设备、多余材料、垃圾及各种临时工程迁移至甲方现场指定地点,由甲方负责运输至上海港,并使这一部分工程及工地保持清洁、平整,使甲方满意。在保修期结束之前,乙方有权为完成保修期内的义务,将其需要的材料、乙方的设备,临时保留在工地甲方指定的位置。

遵守法律规章:乙方应在所有方面,包括发出所有的通知、支付各种费用方面,遵守:

a.所有与工程施工、完成工程及保修有关的由当地国家或邦颁布的法律、法规或其他规章。

b.其财产或权利受到或可能受到该工程以任何方式影响的公共团体和公司的规章制度。

c.乙方应使甲方免于受到有关破坏这些规定的所有处罚及承担有关这方面的责任。在合同要求许可的范围内,在施工、完成工程及保修过程中,所必须的一切操作均不应对公众的便利及公用道路或私人道路,以及通往属于甲方或他人财产的人行道的进入、使用或占有,产生不必要及不适当的干扰。

d.乙方应保护并保障甲方免于承担应由乙方负责的上述事项所导致的一切索赔。

劳务:

1)职员与劳务的雇佣:除非合同另有规定,乙方应全权负责其劳务及职员的雇佣、工资的支付、房屋(甲供之外)、膳食及运输的安排。乙方不应从甲方服务的人员中招募劳务或职员,乙方应安排好将要送回但尚未返回人员的生活,直到他们离开工地。

2)工地规则:乙方应制定工地规则,建立健全各种规章制度并严格执行。这类工地规则和各种规章制度应包括下列内容:

a.安全防卫;

b.工程安全;

c.工地出入管理制度;

d.环境卫生;

e.周围、近邻环境保护的附加规则。

3)防止不法行为:乙方在任何时候应采取一切合理的预防措施,以防止其职员发生任何违法的、妨害治安的行为,并维护治安和保护工程附近的个人或财产免遭上述行为的破坏。

工程及工程材料的照管:

1)乙方应全权负责工程上使用的已办理领用的材料、待安装的设备、乙方的机具设备及工程本身的照管,直到机组竣工验收合格后。

2)乙方应对甲方将要提供的材料提出检验检测的相关技术要求,配合甲方保证所供材料的质量以取得业主和监理的认可。

检查与检验:

1)检查和试验:在生产加工或准备阶段,甲方及业主、工程师有权检查及试验按合同提供的材料及设备。如果生产加工或准备这些材料、设备的车间、地点不属于乙方,乙方应为甲方及业主、工程师在这些车间、地点进行监督、检验获得许可。这些检查、试验不免除合同规定的乙方的义务。

2)检查、检验日期:乙方应同意甲方和业主、监理安排的检查、试验,甲方应提前24h通知乙方准备参加的检验及所要进行的检查。如果甲方和业主、工程师未按协议时间参加这一工作,除非甲方和业主、监理另有指示,乙方可以进行这些检验,并认为是在甲方和业主、工程师在场的情况下所进行的检验。乙方应立即向监理工程师提交有适当证明的检验结果的副本。

3)拒收:如果根据上述规定,材料、设备未在协定的时间和地点为检查和检验做好准备,或者甲方和业主、监理认为该材料、设备检验的结果显示是有问题的或不符合合同的要求,甲方和业主、工程师可拒绝这些材料、设备并应立即通知乙方。通知应说明甲方和业主、工程师拒收的理由。乙方应立即解决好存在的问题使被拒绝的材料、设备符合合同要求。

隐蔽工程的检查:

1)没有甲方和业主、工程师的批准,工程的任何部分均不得覆盖和隐蔽,乙方应保证甲方和业主、工程师有充分的机会对将予以覆盖或隐蔽的任何此类工程部分进行检查和测量,以及对任何部分工程将置于其上的部位进行检查。无论何时,当任何工程部分或基础已准备好或即将准备好可供检查时,乙方应及时通知甲方和业主、工程师,除非甲方和业主、工程师通知乙方认为检查并无必要,否则甲方和业主、工程师应参加此类工程部分的检查和测量及基础的检查,且不得无故拖延。

2)隐蔽工程的复查:无论甲方和业主、工程师是否进行验收,当其要求对已经隐蔽的工程重新检验时,乙方应按要求进行剥离或开孔,并在检验后重新覆盖或修复。检验合格,甲方承担由此发生的全部费用,并相应顺延工期。检验不合格,乙方承担发生的全部费用,工期不予顺延。

不合格工程、材料和设备的拆运

1)甲方有权随时发出下述指令:

a.在指令规定的时间内一次或分几次从现场搬走甲方认为不符合合同规定的任何材料或设备,费用由乙方承担;

b.用适合、合格的材料或设备取代原来的材料和设备;

2)乙方未遵守指令的违约:如果在指令规定的时间内或在合理的时间内(如指令未规定的时间),乙方一方执行上述指令时违约,则甲方有权雇佣他

人执行该项指令,并向其支付有关费用。所有由此造成的费用从应付给乙方的款项中扣回。

暂时停工:

a.在合同中另有规定的,按合同执行;

b.由于乙方违约或毁约导致的或应由其负责的必要的停工;

c.由于工地气候情况导致的必要停工。

在暂停施工期间,乙方应对工程或其任何部分进行甲方认为必要的妥善保护和保证其安全。

试生产:

在试生产期间,即质量保证期间,乙方需参与机组性能保证试验。机组在性能试验之前,乙方应配合对其安装范围内的机组和各辅机进行相应的调整试验,使设备及系统的性能达到设计要求。乙方在试生产阶段/质保期内,应做好如下工作:

继续配合完成在机组试运期间由于条件限制未完成的调整试验项目,以保证汽轮机/发电机本体安装中所涉及的所有设备和系统经过调整试验后能正常运行。

配合性能试验:

配合对自动调节系统进行全面调整,具备条件的能求取设备的动态特性,并根据运行要求对自动调节系统的调节参数进行整定,使各个自动调节系统具有良好的调节品质,达到控制质量指标的要求。在各项自动调节系统正常投入的情况下,保证协调控制系统各种方式的投入使用,使机组保持《中印合同》要求的自动化水平。配合对程序控制的逻辑进行最后的确定,对程控装置进行精调整,以保证所有程控装置的各项功能都能正常投运。

协助完成对机组各项技术经济指标的考核试验和甩负荷试验,在电网调度和安全运行条件许可的情况下,配合对机组启停和负荷变动能力进行考核,以确认机组的调峰能力。

甲方应全面负责试生产期机组的安全运行和正常维修。乙方负责消除施工缺陷。凡非乙方的原因,而要求乙方进行处理的,费用由甲方支付。

保修:

1)保修期——在本合同条件中,"保修期"一词指:整体工程或其中单项、分项、分部验收移交使用

的工程,均从初步验收证书签字之日(COD)起至最终验收证书之日止。

2)未完工程及修补缺陷:为了在保修期满时或在保修期满的尽量短的期间内,将工程以合同所要求的(合理的磨损和消耗除外)状态并使甲方达标投产的条件下竣工移交给甲方。

a.在保修期内或期满后14d内,根据甲方检查所发出的指示进行修补、重建、维修缺陷及其他不合格之处,由乙方负责修复。由乙方原因造成的缺陷由乙方无偿修复并验收合格;非乙方原因造成的费用由甲方支付。

b.如果乙方未执行甲方的合理要求,甲方有权委托第三方完成该部分工作,工程费用从扣除的保留金中支付。

c.当整个工程按合同要求全部完工,甲方签署竣工移交证书给乙方,且保修期满无任何缺陷(或已消除),并支付其保留金。

(1)乙方的设备、临时工程和材料

1)工程专用的乙方的设备、临时工程和材料:一切乙方的设备、由乙方提供的临时工程和材料,在运至工地后,即被视为专门为该工程施工使用,乙方除将上述物品在工地之间转移外,若无甲方同意,不应将上述物品或其一部分移往他处。但此规定不包括运输任何人员、劳务、乙方设备、临时工程、工程设备及材料进出工地的车辆。

2)甲方不对损坏负责:甲方无论何时均不对任何上述乙方的设备、临时工程和材料的损失或损坏承担责任。

现场临建建设、管理:

1)生活临建(包括现场办公场所)由甲方负责,内部设施由乙方自行负责配置。

2)生产临建由乙方自行负责建设。

3)生产、生活临建的日常管理由乙方自行负责。

(2)现场安装机具的准备和发运

1)为了满足印度S厂现场汽轮机/发电机组及附属系统的安装需要,乙方应严格按照合同的要求,配备足够的适合本合同安装工程的安装施工机具、仪器仪表、专用工具等。

2)安装施工机具、仪器仪表和专用工具的采购,可以分为国内采购和国外采购两部分;甲方建议乙方运去现场的高价值施工机具、仪器仪表和专用工具在安装结束时返回,其他低价值的安装施工机具、仪器仪表用完后不返回。

3)乙方在本合同生效后7d内向甲方提供安装机具、仪器仪表和专用工具等清单。

4)所有乙方现场安装需要的安装机具、仪器仪表和专用工具等由乙方运去现场,如果需要,甲方应给予配合。所有运输相关费用由乙方承担。

5.甲方应尽的义务

甲方应按合同规定,按时向乙方拨付进度款。

协助乙方办理出国手续(办理护照、签证等出国手续的费用由乙方承担)。

负责乙方在现场的生活临建(包括现场办公场所:各厂$20m^2$以内)的建设。

本体及附属系统安装所需的技术资料(指设计图纸、设备图、设备技术说明等有关资料)待甲方收到后,需向乙方提交。

在乙方将安装工器具运至甲方指定的中国港口后,由甲方负责将其从中国港口运至现场。

在乙方的协助下,负责办理乙方人员在印度的工作许可证、居住许可证(印度相关部门收取的费用由甲方承担)。

6.保证、违约和罚款

(1)乙方保证:乙方已经充分考虑到了《中印合同》汽轮机/发电机本体及附属系统安装要求和本合同内容的广度和深度,并且清楚执行合同工作范围内工程的种种可能性。

1)在施工阶段,乙方负责安装(包括材料加工及制作)以及调试工作的准确性,并负责严格按设计图纸和有关合同规定、施工及验收标准进行工作。如果因乙方施工安装工作有误,乙方将承担按相应项目直接损失赔偿费用,但乙方赔偿总额不超过本合同总价的10%。

2)乙方人员应检查土建、安装及施工工作是否与批准的设计、图纸和计算相一致,如已完成的工程与上述设计、图纸和计算有差异,应及时通知甲方现场指挥部并负责处理。

3)如乙方人员不称职、工作不力以及损害甲方利益,甲方有权要求撤换。

合同简评与改进思路:

本合同条款是在甲方同印度签订的《中印合同》的基础上的分包合同,但也折射出中印合同的苛刻影子,因此初步浅析颇有收益。该合同共有6条74款,总体合同框架涵盖了合同的方方面面,不足之处是:

1.第一条中1.2条款,关于该合同的工作范围和内容应列为合同文本"正件"为妥,有关工作范围和内容的细节则列为附件更好。

2.第二条规定,如进度改变,乙方则按进度改变后安排工作是可以接受的,但如因此造成工程延误如何处理的条款欠缺,下面也有类似条款。

3.第三条规定的里程碑支付条款比较明确!完全同EPC支付惯例相符合,对承包商的资金控制有利。

4.第四条规定,总体来说,乙方义务与甲方义务的双方义务条款对称性比较差。乙方承担了较多很大的风险。如4.1.5条款、4.1.7条款、4.1.15条款、4.1.16条款、4.11条款、4.15条款、4.25条款等似应有进一步深研改进的空间。

5.第四条中4.18条款规定,工程进度控制应用P3项目管理软件或MS-Project进行进度控制并规定编制一级、二级、三级、四级等进度计划,保证了进度的执行,做法比较精细化、科学化、规范化、法制化。

6.第六条6.1.1条款罚款额度规定最高为合同总价的10%,似乎过高些。但条款中没有承包商提前完工奖励的规定,美国、英国和FIDIC中都设置了与此相应的对称条款,此条应在合同谈判中解决。

7.在此合同条款中,对咨询工程师的规定条款明显有不足的缺欠;对设计单位的责任义务、制造厂家的责任义务等都列入合同内比较合情合理,协作配合会更加默契,也符合国际惯例。

8.第四条款中包括的内容太多,较繁杂,因此,建议该条款应按合同条款的性质、功能与作用一一列出,那样会更强、更适宜中国公司的操作性。

据此提出如下改进意见:

1.借鉴经验:积极借鉴和学习前人走过的路子,经验教训是不可多得的宝贵教材;中资公司在印度项目尤其是电力项目如山东电建在印度做的电力项目就有因工期拖延导致严重亏损的案例值得中国公司很好地学习、思索和借鉴。

2.精英人才:人才是工程成败的核心,尤其有工程技术基础更需懂FIDIC合同的管理型的综合性人才,项目经理必需具备国际性的全局观,综合性的国际性人才需要加快培养。提高各部门合作意识,改变国内各自为战的作风。

技术问题沟通需语言,国际工程强调语言与技术并重,都是专业工具;并且越是技术专家语言能力越要突出,不能单靠翻译。且对这种素质潜力人才要有激励机制,加速国际技术管理型人才的成长。

针对当地工人要有有效的培训计划,加强安全意识的培养,像管理本公司人员一样,安全生产一定要摆在第一位。

3.严格执行合同,有索赔心理准备:项目的核心是合同,要以合同为中心,所有工作都要紧扣合同,按图施工,把握工期。及时提出对工程有影响及隐患的地方,与业主、承包商、设计院要有及时的沟通和高效的问题解决应对方案。

同时要具备工程索赔理念,在做好本职工作的同时,要有工程索赔的准备,且必须所有信件以纸质签字文件为准,要有签字依据的文件,不能单凭口头说法;及时整理并对应核算,做到专业可行。

4.设备选用:配备高效设备,尤其火电这种大工程需要的机械设备都是高科技超大型机具,同时也要平衡费用。提高管理效率:充分利用计算机MIS、P3网络信息管理平台,提高设备申请、审核、报批、采购及工程各部门交叉作业的协调统一;测量数据的统计、整理、检索及报表打印成册等。

5.业主关系:熟悉印度具体电力职能部门情况及操作方式,熟悉印度具体工程建设的国情,与业主处理好各方面的关系;有效地处理好其他安装施工单位、设计单位及总承包商的内部关系;有效处理好咨询公司关系。

6.长期合作、互惠互利:印度是个大国,电力建设正是飞速发展的大好时期,国内电力建设几年后将趋于饱和,印度市场是国内电力建设的可持续发展动力,所以从长远利益讲,处理好业主及其上层管理者关系,取得他们的信任和认可,争取得到印度更多的电力项目;做到长期合作、互惠互利。

国家标准图集应用

现浇钢筋混凝土结构施工常见问题解答（二）

◆ 陈雪光

(中国建筑标准设计研究院，北京 100044)

5. 剪力墙墙面洞口边的补强钢筋标注问题，剪力墙连梁中部预留圆洞时补强钢筋的做法

根据《高层建筑混凝土结构技术规程》JGJ 3-2002 中的规定，剪力墙中的洞口边均需要设置补强钢筋。一般当剪力墙开有非连续的小洞口，且设计整体计算不考虑小洞口的影响时，洞边设置构造补强钢筋。03G 101-1 图集中规定，当墙面洞口的各边尺寸不大于 800 时，而设置构造补强钢筋既为"缺省"标注，当洞口尺寸大于 800 时则需在洞口的上下设置暗梁。图集中规定对暗梁高度的"缺省"标注值为 400。剪力墙中圆洞口边的补强钢筋不适应"缺省"标注。正确的做法：(1)剪力墙墙面洞口各边尺寸不大于 800 且洞口边未标注加强钢筋时，应将被洞口截断的分布钢筋量分别集中配置在洞口上、下和左、右两边，加强钢筋的直径不应小于 12mm（见图 1）。当设计文件中有特殊注明时应按图施工。(2)洞口尺寸大于 800mm，且设计文件未注明暗梁的高度时，可按"缺省"值 400mm 高度要求施工。暗梁的补强钢筋应按设计文件标注施工。(3)圆洞口边的补强钢筋做法应按 03G 101-1 图集中相关要求施工。

剪力墙连梁中部的预留圆洞宜预埋套管，洞口边的加强钢筋及箍筋应按设计文件要求配置，正确做法见图 1。

6. 剪力墙水平分布钢筋在端柱内如何锚固？当水平分布钢筋的直径较大时如何锚固？弯锚的条件不满足时，机械锚固有何要求？

根据《高规》JGJ 3-2002 中的规定，剪力墙的水平分布钢筋应全部锚入边框柱内，在框架-剪力墙结构体系中，剪力墙的边框柱(端柱)的断面尺寸一般同本层的框架柱，边框柱的截面高度应≥两倍的剪力墙宽度，边框柱的截面宽度应≥边框柱的截面高度，足够的边框柱断面尺寸才能满足对剪力墙的约束。一般情况下剪力墙的水平分布钢筋的直径不大，边框柱的宽度均可以满足直线锚固长度要求，特殊情况时直线锚

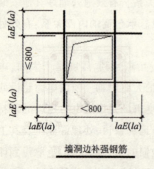

墙洞边补强钢筋

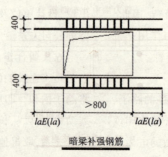

暗梁补强钢筋

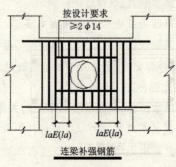

连梁补强钢筋

图1

固长度不足,也可以采用保证足够的锚固水平段加弯折段和机械锚固来满足锚固要求,机械锚固不适用于墙面与柱的一侧平该侧的水平分布钢筋的锚固。正确的做法:(1)直线锚固长度满足$l_{aE}(l_a)$时,水平分布钢筋的端部可不设弯勾。(2)采用弯折锚固时,分布钢筋弯折前的水平段应满足$≥0.4l_{aE}(l_a)$且伸至边框柱对边的竖向钢筋内侧再作水平弯折,弯折后的水平段为$15d$。见图2。(3)采用机械锚固时,水平分布钢筋应伸至边框柱的对边再做机械锚固头。

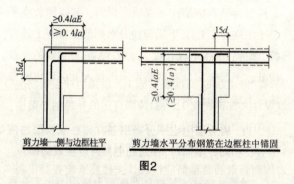

图2

7.剪力墙中要求设置拉结钢筋并拉住两个方向的分布钢筋,暗柱则要求必须拉住主筋和箍筋,施工时造成拉结筋的保护层厚度不足甚至露筋,是否可以仅拉主筋而不拉结箍筋?

根据有关的规范和规程要求,构件中的拉结钢筋应拉结受力钢筋,是保证受力钢筋和剪力墙中分布钢筋在受力位置等的构造措施,其作用与构件中的单肢箍筋是不同的,由于剪力墙分布钢筋的最小保护层厚度在一类环境时为15mm,二a和二b类环境中分别为20mm和25mm,因此在一类环境时拉结钢筋的端部保护层厚度会不满足10mm的要求,但不会出现露筋现象,而在二a和二b类环境中则不存在此问题。单肢箍筋是受力钢筋,必须满足规范规定的最小保护层的要求。《混凝土结构设计规范》50010-2002中的规定,是对构件纵向受力钢筋的是最小保护层要求,且是强制性条文。梁、柱中的箍筋不应小于15mm;剪力墙中的拉接钢筋必须同时拉住两个方向的分布钢筋,暗柱中的拉接钢筋应拉住箍筋和竖向分布钢筋。建议做法:(1)保证拉结钢筋的端部保护层厚度不小于10mm,墙中的分布钢筋保护层的厚度稍有增加。(2)保证墙中的分布钢筋保护层的厚度按规范要求,拉结钢筋端部的保护层稍薄但是不能露筋。暗柱是剪力墙中的一部分,其拉结筋保护层的做法也可以按此做法处理。(3)单肢箍筋要求拉接住构件中的纵向受力钢筋,并满足最小保护层的厚度要求,见图3。

8.剪力墙中竖向分布钢筋距边缘构件(暗柱或端柱)的距离如何确定,水平分布钢筋距结构面应为多少?

剪力墙的端部或洞口边都设置有边缘构件,当边缘构件是暗柱或翼缘柱时,它们是剪力墙的一部分,不能作为单独构件来考虑;剪力墙中第一根竖向分布钢筋距暗柱的距离,应根据设计间距整体考虑。将排列后的最小间距放在靠边缘构件处;有端柱的剪力墙,竖向分布钢筋按墙中设计间距整体安排后,距端柱第一根竖向分布钢筋的最大间距不大于100mm。

剪力墙水平分布钢筋,应按设计的要求整体摆放。根据整体安排后将最小间距于距楼板结构标高处,距楼板上、下结构面(基础顶面)的距离不大于100mm。

正确做法:(1)根据施工图设计文件中的要求,整体排布水平和分布钢筋的间距。(2)边缘构件为暗柱时,将墙中的竖向分布钢筋整体排布后,把最小的间距放在靠暗柱处,也可以按设计间距排布。(3)设有端柱

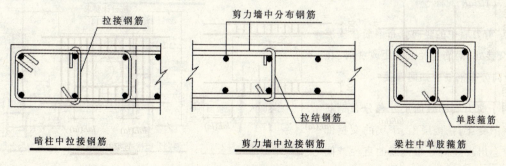

图3

的剪力墙,第一根竖向分布钢筋距端柱的距离不大于100mm。(4)剪力墙中的水平分布钢筋,距结构楼板的上、下面或基础顶面的距离不大于100mm,见图4。

9. 剪力墙中竖向和水平分布钢筋分布钢筋的最小锚固长度如何确定,分布钢筋采用搭接连接时,其搭接部位和搭接间的距离有何要求

无抗震设防要求构件中的受力钢筋最小锚固长度l_a,是根据《混凝土结构设计规范》50010-2002中的规定经计算确定的;受力钢筋的锚固长度与钢筋的种类、钢筋的直径、钢筋的外形系数和混凝土强度等级等因素有关;有抗震设防要求的构件,受力钢筋的最小锚固长度l_{aE}还要考虑抗震设防等级;为方便施工,03G101系列图集中列出了l_{aE}和l_a的表格,施工时不必再计算可直接选用。剪力墙中竖向分布钢筋和水平分布钢筋的搭接位置和长度,是根据《高层建筑混凝土结构技术规程》JGJ3-2002中的有关条文作出的相应规定,它与剪力墙中的边缘构件及其他构件的要求是不同的,不应该混淆概念。正确作法:(1)剪力墙中钢筋的最小锚固长度可按03G101系列图集中的相应表格采用,在任何情况下锚固长度不得小于250mm,当分布钢筋采用HPB235级钢筋时,端部应设置弯钩且弯钩应垂直墙面;(2) 剪力墙中分布钢筋的直径大于28mm时,不得采用搭接连接;(3)抗震等级为一、二级剪力墙底部加强区部位,分布钢筋的接头应位置应错开,错开的净距不宜小于500mm,每次连接的钢筋数量不宜超过总量的50%;(4) 剪力墙中分布钢筋的搭接长度,非抗震设防时为$1.2l_a$,有抗震设防时为$1.2l_{aE}$,见图5。

10. 剪力墙中的竖向分布钢筋在楼层上、下交接处,钢筋直径或间距改变时,在该处竖向分布钢筋应如何连接?

由于剪力墙的截面尺寸和分布钢筋配筋率的变化,在楼层上、下层的交接部位部位会出现竖向分布钢筋的直径或间距有所改变,在剪力墙的底部加强区与非加强区的交接处,在剪力墙的变截面等部位经常会遇到此类情况。竖向分布钢筋的直径相同而间距不同时,可在楼层处连接;而钢筋的间距不同及在变截面处,应本着"能通则通"的原则,按抗震设防等级和连接方式按普通剪力墙中的竖向分布钢筋的连接和锚固要求处理。正确作法:(1)竖向分布钢筋的间距相同而直径不同时,可根据抗震设防等级和连接方式在楼层以上处连接,搭接长度按上部钢筋的直径计。(2)竖向分布钢筋的间距不同而直径相同时,墙上层竖向分布钢筋在下层墙中锚固,其锚固长度不小于$1.5l_{aE}(1.5l_a)$,下层竖向分布钢筋在楼板上部弯折,弯折后的水平段长度为$15d$。(3)在剪力墙的变截面处,下层竖向分布钢筋可采用弯入上层墙内的方法与上层钢筋搭接,其弯折坡度不大于1/6,见图6。

11. 剪力墙中水平分布钢筋在暗柱或扶壁柱两侧直径和间距不同时,在此处应如何连接或锚固?

通常在暗柱或扶壁柱两侧剪力墙中的水平分布

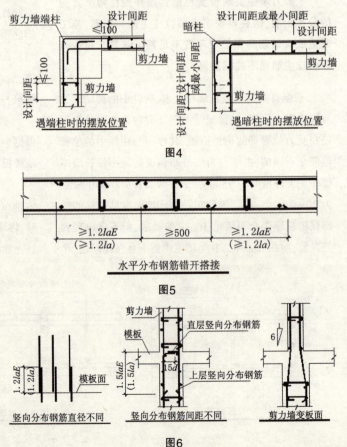

图4

图5

图6

钢筋直径和间距应该是相同的,当遇到特殊情况两侧不同时,应本着"能通则通"的原则;当不能拉通时,与扶壁柱相交的水平分布钢筋可按在端柱或框架柱中的锚固方法,分别在锚固在扶壁柱内;遇暗柱时,可采用水平分布钢筋的搭接或在暗柱中的连接的作法,见图7。

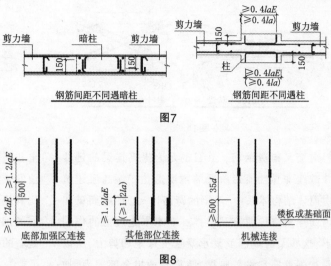

图7

12. 剪力墙身中的竖向分布钢筋的搭接连接是否可以在同一部位,在什么条件下采用机械连接?

剪力墙中的竖向分布钢筋的连接方式和连接位置,是根据墙的抗震设防等级和部位来确定的,钢筋的直径≤28mm时可以采用搭接和焊接,当钢筋的直径>28mm时,宜采用机械连接、焊接或搭接加焊接的连接方式;抗震设防等级为一、二级剪力墙底部加强区部位,竖向分布钢筋的搭接长度为 $1.2l_{aE}$,错开净距不小于500mm。抗震设防等级为三、四级及非抗震设防的剪力墙,搭接长度为 $1.2l_{aE}(1.2l_a)$,可在同一部位搭接;采用HPB235级钢筋时,端部应设置180°的弯钩并垂直墙面;采用机械连接时错开净距不宜小于35d,见图8。

13. 剪力墙的端柱和小墙肢中的纵向钢筋在顶层处应如何锚固?

剪力墙的中的小墙肢系指截面的高度与宽度之比≤4的墙,小墙肢的构造要求同框架柱,当顶层无框架梁时,纵向钢筋在顶层处是连接不是锚固,应按剪力墙在顶层的构造要求处理,当顶层有框架梁时,应按框架柱在顶层的连接和锚固作法;要注意在顶层的边节点和中间节点的作法是不相同的,见图9。

14.在施工图中,有时剪力墙开洞而形成的梁标注的不是连梁LL,而是框架梁KL,这样的梁应怎么施工?

在剪力墙上开洞形成的上部梁应是连梁,连梁和框架梁的构造措施是不同的,在《高层建筑混凝土结构技术规程》JGJ3-2002中规定,当连梁的跨高比<5时应按连梁设计和构造,当连梁的跨高比≥5时宜按框架梁设计。设计人员可能是根据这样的规定而标注的;施工时应与设计人员沟通具体做法,箍筋是否全跨加密及纵向受力钢筋在支座内的锚固做法,这两种梁是不同的;连梁在支座内也要配置箍筋,这与框架梁的作法是不同的见图10。

15.在剪力墙中的连梁,除设置了加密箍筋外还设置斜向交叉钢筋,在这些部位中的钢筋比较密集,是否可以取消交叉钢筋改用加大箍筋的直径等办法?

在抗震设防等级为一、二级的剪力墙中,当连梁的跨高比≤2且截面宽度≥200mm时,需要设置

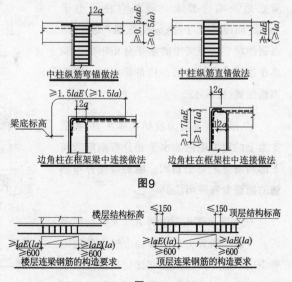

图9

图10

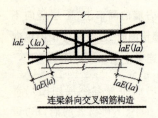

连梁斜向交叉钢筋构造　　斜向交叉暗撑钢筋构造

图11

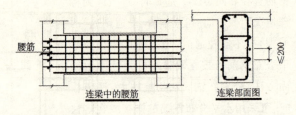

连梁中的腰筋　　连梁剖面图

图12

斜向交叉构造钢筋，其目的是为提高连梁的延性并减缓非弹性变形阶段的刚度退化；在高层建筑中筒体结构体系中，连梁的跨高比≤2的框筒梁和内筒连梁需设置交叉暗撑，在水平地震力的作用下，这些梁的端部反复承受正负弯矩和剪力，所以要加强箍筋和设置暗撑，暗撑要承担全部剪力；加大箍筋的直径不能代替交叉钢筋和暗撑的作用；设置暗撑的梁宽度都大于300mm。施工不会太困难，见图11。

16. 剪力墙中的水平分布钢筋遇连梁时是否可以截断，为何有的连梁中的腰筋不能用水平分布钢筋代替，反而要单独配置腰筋？

在剪力墙中的连梁通常跨高比都很小，剪切变形较大，墙中的水平分布钢筋在连梁范围内应拉通连续配置，当连梁的高度≤700mm时，水平分布钢筋可以兼作连梁中的腰筋，当连梁的高度>700mm时除满足强度计算的要求外，还应满足最小构造要求：腰筋直径不小于10mm、间距不大于200mm；这是《高规》的强制性规定，当墙中的水平分布钢筋不满足在连梁中腰筋的最小构造要求时，则会单独配置，见图12。

17. 部分框支剪力墙结构体系中，在框支梁上的剪力墙内的水平和分布钢筋为何下部与墙身不完全相同，墙的竖向分布钢筋的插筋为何采用U形？

框支墙上部相邻的剪力墙属底部加强区，在此范围剪力墙的端部有较大的应力集中区，按计算结果会在此处加大配置水平和竖向分布钢筋；其目的是保证与混凝土共同承担竖向压力，在框支梁上的剪力墙相邻部位的一定高度范围内，水平分布钢筋根据计算也会比其他部位大。下图阴影部分是水平和竖向分布钢筋的加强范围；U形插筋的设置是考虑水平施工缝处墙的抗滑移能力，见图13。

18. 当剪力墙端部的边缘构件较小，连梁中的纵向钢筋在端部应如何锚固，连续开洞的连梁中的纵向钢筋是否要求拉通设置？

当端部墙肢的截面高度≤4倍的截面宽度时，应框架柱构造要求，≤3时箍筋应全高加密；连梁纵向钢筋在边支座内应可靠的锚固；当不满足直线锚固长度要求时应采用弯折锚固，总锚固长度不得小于 l_{aE} (l_a) 的要求；洞口间的中间墙肢截面长度≤$2l_{aE}$ ($2l_a$)时，连梁中的纵向钢筋按较大直径和根数拉通设置，否则可分别设置，见图14。

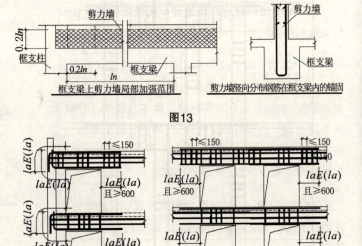

框支梁上剪力墙局部加强范围　　剪力墙竖向分布钢筋在框支梁内的锚固

图13

端部小墙肢连梁配筋构造　　洞口间小墙肢连梁配筋构造

图14

国家标准图集应用

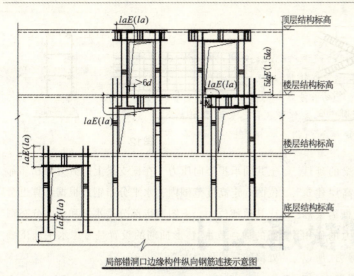

图15 局部错洞口边缘构件纵向钢筋连接示意图

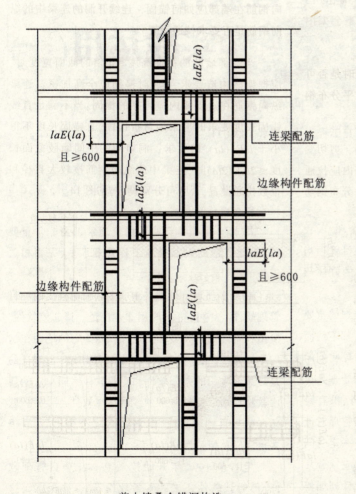

图16 剪力墙叠合错洞构造

19. 当剪力墙的洞口上、下层竖向不规则出现局部错洞时,边缘构件中的纵向钢筋在上、下连梁中应如何锚固?

当剪力墙面布置有不规则的局部错洞口时,除在上、下可对齐的洞口边设置有贯通的边缘构件外,还会在不对齐的洞口边设置非贯通边缘构件,边缘构件中的纵向钢筋在结构主体中可靠的锚固和连接,才能使被削弱的部位得以有效的增强;当洞口边的边缘构件中纵向钢筋不需要向上贯通时,应伸入上层墙体内符合长度 $1.5l_{aE}(1.5l_a)$ 的要求;当非贯通边缘构件纵向钢筋遇到连梁中,伸入的直线长度不满足 $l_{aE}(l_a)$ 时,可采用水平弯折,弯折后的水平段≥$6d$ 且满足总长度 $l_{aE}(l_a)$ 的要求;当底层剪力墙局部开洞时,边缘构件中的纵向钢筋各自伸入上、下层墙体内,并符合锚固长度的要求,见图15。

20. 当剪力墙中的洞口在上、下层不规则的布置有叠合错洞时,边缘构件中的纵向钢筋应如何锚固,连梁中的纵向钢筋应伸到什么部位锚固?

剪力墙中布置的叠合错洞时会引起墙肢内力的交错传递和局部应力集中,会使剪力墙发生剪切破坏,为保证墙肢荷载的传递途径和上层墙肢内力作用在连梁上的影响,要采取可靠的有效措施,使叠合错洞口边形成暗框架,以增强被削弱的部位;非贯通边缘构件中纵向钢筋应分别锚固在上、下的连梁中长度应≥$l_{aE}(l_a)$;连梁应在上、下贯通的边缘构件间拉通设置,使叠合错洞部位的边缘构件与连梁形成暗框架,不应将连梁仅设置到非贯通的边缘构件处;连梁中的箍筋应全长加密,在顶层连梁的支座内应按构造配置箍筋,见图16。

建造师论坛

> **编者按**：随着我国基本建设投资规模的逐步扩大以及外国对华投资日益增多，提高工程项目管理水平，与国际工程管理接轨，成为一种趋势和一项紧迫的工作，而其中一项很重要的工作，就是使用计算机对项目进行各类管理，由此产生出很多项目管理方面的电脑软件。本文作者从自己长期应用 Project 项目管理软件的实践中，总结归纳出了快速入门指导，并结合实例讲解，可操作性极强。希望对读者有所裨益。同时欢迎与作者交流。

项目计划管理快速入门及项目管理软件 MS Project 实战运用（一）

◆ 马睿炫

（阿克工程公司，北京 100007）

序　言

计划管理是项目管理中最重要的一个环节，我们常说"计划是龙头"，就是强调计划在项目管理当中所具有的前瞻性、指导性、系统性，计划的好坏与项目的实施有着最直接的关系。

对于从事工程建设行业的人来说，计划的重要性不言而喻。当大家从事工程管理工作时，都不约而同地想到我们要制定一个良好的计划去指导我们的各项工作。但由于多种原因，比如很多工程管理人员都来自于设计、施工单位，都是纯工科出身，没有经过系统的工程管理方面的专业训练，计划管理对他们而言，只是一种想当然的理解——即在一定时间内安排完成某项工作，至于计划如何制定，应该分几个步骤，同时应该考虑哪些相关因素，以及计划如何实施，进度如何控制都缺乏专业的基础知识，因此在很大程度上限制了工程管理水平的提高，使计划管理在项目管理当中没有发挥出应有的作用，甚至出现许多不该有的问题。

因此，拥有必要的计划管理常识是非常重要的，是能够帮助大家提高工程管理水平，完善相关工作的。

在众多项目管理软件中，微软公司推出的项目管理软件——MS Project 应用非常广泛。谈起该软件，搞工程管理的人大多耳熟能详，因为它的使用在这一领域非常广泛，很多人都接触或使用过。但奇怪的是与其他常用的办公软件和专业软件不同，它的使用教材或培训资料非常少，不像 P3 软件——另一款著名的项目管理软件，由 Primavera 公司出品，有很多培训班及相关教材。

笔者从 1994 年开始接触 Project 项目管理软件（那时该软件还未并入微软旗下），深深感到这是一款非常优秀的项目管理软件。它具有廉价、易学、易用的优点，而且功能强大、专业性强，非常符合项目计划管理的特点。一些使用P3管理软件的人常常不屑于Project的简单，其实简单是一种非常难得的优点，特别是一方面功能强大、全面，另一方面又简单易学，则更为难得。因为简单，人们乐于学、乐于用，适合我国工程行业目前的管理水平。因为廉价人们乐于购买，企业愿意配备，这也是为何Project普及而P3曲高和寡的原因。其实如果我们真的能把Project用好，用透，那我们的计划管理工作就能立竿见影地上一台阶，这对于那些工程管理水平不是太高的施工单位而言，实在是一帖对症药，能使他们的计划管理工作专业化、正规化、系统化，且花钱不多。

如果说P3是专业计划工程师的高级软件，那么对于MS Project，则可以说它不但是专业计划工程师的软件，也可以说它是各类经理、各类工程师等最合适的计划管理软件。事实上，在项目管理过程中，有很多管理人员经常使用该软件进行计划的编制工作，但由于缺乏系统的培训或经验不足，编制出来的计划看起来不够专业，仅仅是一种时间上的简单安排，还缺乏很多计划工作中应该有的信息，比如说没有关键线路的表示，没有时差的概念，不考虑计划今后的更新等。出现这些问题，与计划的编制者缺少计划方面的专业知识有关，因此，熟练掌握一门计划管理软件不光需要了解软件的各种操作命令，而且需要拥有计划管理的基本理论知识，只有将理论和实践结合起来，才会把该款软件运用得更好。

笔者在实际工作中经常看到使用MS Project编制的各种计划，也常常发现一些计划存在着常识性的错误，同时也感受到很多人对于MS Project 的求知愿望，因此觉得普及MS Project知识既有需要，也有必要。为了让大家更好地理解和掌握，在此采取一种与其他电脑教材完全不同的方法，不再一一介绍软件的相关功能，而且根据理论指导实践的原则，按照计划管理的步骤要求，使用MS Project进行实际操作，进行一次实战演练，全程模拟一次计划管理的全过程，由于MS Project本身就是一个完整的项目管理程序，因此大家只要跟着这一过程，就能够从计划原理、到具体的操作命令，体验使用MS Project对项目进行计划管理的全过程。

一、计划的制定

从理论上讲，项目的计划管理分为两大部分，分别是：计划的制定和计划的实施和控制。而制定计划的步骤有以下四步：

(1)确定工作内容；
(2)输入工期；
(3)建立各个任务间的逻辑关系；
(4)计划的优化。

1.确定工作内容

1)WBS定义

制定计划之前，不管对象是工程项目，还是一项产品技术开发甚至是组织一次大型的社会活动，首先我们要做的是知道我们要做哪些工作，如果对工作内容不甚了解，那显然这个指导工作的计划是不完善的。而分析确认计划的工作内容，一个有效的方法就是运用WBS最终生成一个任务清单。WBS是英文Work Breakdown Structure的缩写，具体做法就是把将要实施的项目按一定的层次逐渐分解，直到更易于管理的程度。在此需要强调WBS的分解并不是越细越好，而是要适应不同的管理层次，以更易于管理为目的。

对应WBS的分解层次，会产生不同层级的计划以适应不同的管理层次，如一级计划，我们称之为概要计划，这主要是为高级管理层次所用的，任务项不多，概括性强。二级计划，我们称之为总体计划，整个项目的主要内容基本上都在计划中显现。第三级计划我们称之为控制计划，主要确认项目中设计、采购、施工、预试车的主要工作的时间和逻辑关系，这主要是由总承包商的计划工程师所负责的。四级计划我们称之为详细计划，也就是WBS的层次更加深入，任务内容更加详细，它通常由各分包商的计划人员负责。五级计划，可称为作业计划，基本上已详细到每天的具体工作，该计划则由各班组负责了。做计划的人应该明确他的工作层次，从而制定出相应层次的计划。下面我们用具体举例的方法让读者更好地理解计划是如何分级的，以及它的作用何在。

比如建设一个普通的化工厂，属于EPC项目总承包，即设计(Engineering)、采购(Procurement)、施工(Construction)总承包，那么制定计划的第一步就是

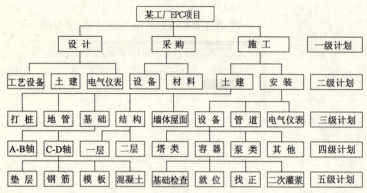

图1-1

明确它的工作内容,具体措施就是对整个项目进行WBS分解,就是将整个项目按专业、区域、工种进行层次分解,以利于管理。这一工作同时也是计划分级的过程,第一级计划即第一层次的WBS分解,即是设计、采购、施工。第一层分解结束后,当然是第二层分解,跟着就是第三层、第四层以及第五层甚至第六层,总之,以管理方便为准,为了更好地让大家理解,请见分解图(图1-1)。

从以上WBS分解示意图中我们可以看出,WBS的分解层次与制定计划的层次是相对应的,计划越细,则WBS也需分解得更细。由于篇幅的原因,我们无法将WBS分解的全部内容在此显示,但WBS的原理及作用已阐述清楚。

理论说明完成之后,让我们来看看在MS Project上如何实现制定计划的第一步工作。

2)MS Project版本介绍

首先,我要介绍一下即将出场的MS Project软件,它是Microsoft Project 2003英文版本。对于为何使用英文版本,主要有以下几方面的考虑:

(1)MS Project 2003是目前比较流行的版本,无论中文版还是英文版,由于发布已经5年,为大家所熟悉。

(2)由于外资企业在中国的投资越来越多,很多外商业主公司要求使用MS Project对项目进行计划管理,因此熟悉MS Project英文界面及相关的操作命令很有必要,同时借此学习一些计划方面的英文专业术语只有好处没有坏处。

(3)如果掌握了MS Project的英文版本,那么对于我们来说,中文版的MS Project就没有什么困难

了,因为操作界面完全相同,大家都不难找到相应的命令。

(4)无论你目前使用什么版本的MS Project,无论是中文还是英文,尽管MS Project两三年就出一个版本,但主要界面都没有什么变化,因此当我描述操作界面时,大家都不难找到相对应的位置。

(5)综上所述,不论你目前电脑里安装了什么样的MS Project,请你现在就打开,亦步亦趋,跟随我一览其大观吧。

2.主界面介绍

打开MS Project 2003,大家就会看到图1-2所示的界面窗口。

这是MS Project的主界面窗口,又被称为Gantt Chart(甘特图)。最初展现的主界面窗口自上而下分别为菜单栏、工具栏以及操作窗口,而操作窗口又被分隔线一分两半,左边为各栏目所在位置,右边为时间刻度及横道图位置。如果我们使用鼠标将分隔线向右拖,那么从左至右各栏目的名称依此为:Indicator(显示栏),在此标识为:Task Name(任务名称),Duration(工期),Start(开始),Finish(完成),Predecessor(前道工序),Resource Name(资源名称)。这些栏目是计划编制最基本、最常用的栏目,由软件默认设置,我们当然可以在以后根据需要进行增减。

图1-2

3.加入任务名称

在初步了解主界面窗口Gantt Chart之后,下一步就是将WBS分解出来的工作任务名称逐一填入相对应的栏目中去,比如第一层次分解结束后,产生三项任务,分别是设计、采购、施工,现在我们把这三项工作名称写入MS Project的主界面的任务栏(Task

Name)中,见(图1-3)。

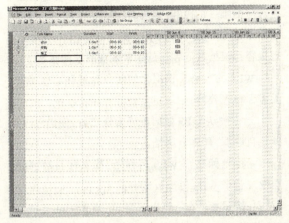

图1-3

从图1-3可以看出,当第一层的工作任务名称输入完毕后,应该开始输入第二层的工作任务名称。比如在设计任务行下,我们需要加入它的子项——工艺设备、土建、电气仪表,很简单,首先将光标移至设计行下行即点击采购行,然后在菜单栏选择Insert(插入)命令,待子菜单弹出,选择New Task(新任务)子命令,则一新任务行出现,输入工艺设备即可。因为还需要新的两行,我们可以在新行下拖动鼠标选上两行,再按上述如法炮制加入新任务,我们会发现一下子出现了两行新任务栏,依次填入新任务名称。同样,既然我们有插入任务的需求,那么也必然有删除任务的需求,很简单,选中要删除的任务行,然后在菜单栏选择Edit(编辑)命令,待子菜单弹出,选择Delete Task(删除任务)子命令,则该任务行整行消失。在此需要说明,由于MS Project 也是由微软公司开发的,因此很多软件操作的命令以及方法与微软的常用办公软件是相同或相近的,比如著名的Excel,因此只要我们熟悉使用微软的办公软件,那么我们就可以大胆地在MS Project的操作中进行尝试,我们会发现有很多命令我们已经会用了。请注意它的工具栏,我们会发现很多熟悉的图标。

4. 确定任务的等级结构

当我们将设计的三个子项插入之后,我们开始考虑它们的级数,因为它们都属于三层任务,是设计的子项任务,所以它们的等级应该比设计任务低一级,而任务的等级划分主要是运用功能键Indent(缩进)和Outdent(突出)实现的。具体方法是:

(1)移动光标选上三个子项任务;
(2)在工具栏上选择Indent,点击,详见图1-4。

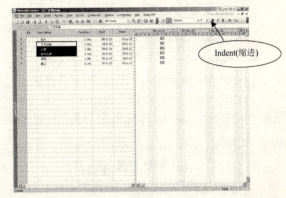

图1-4

我们发现当我们实施这一操作时,上一级的任务行立即变成黑字体,很明显地成为汇总行。如果我们觉得它们的上下级关系不对,那我们就可以运用Outdent恢复它们的平级关系。总之,运用工具栏上的Indent或Outdent命令层层推进,我们可以很方便和快捷地建立项目任务等级结构,而这一等级结构是与WBS的分解结构相一致的。详见图1-5。

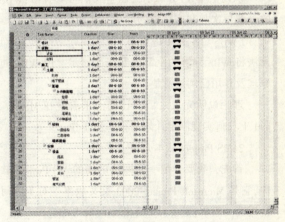

图1-5

图1-5仅仅是个示意图,由于篇幅的原因,WBS并没有全部分解到位,只是土建专业分到了第五级。当然我们在具体工作当中会分解得更加全面而不会仅限于一个专业。

在此图中,我们可以清楚看出,在任务栏中的所有任务名称都是以等级的方式进行排列的,相同等级的任务名称第一个字应该在同一垂直线上,不能错乱,否则WBS就会出错。为了更清楚地看清WBS的等级排列,我们可以在主界面中加入WBS栏。具体方法是：

　　a.将光标移至任务栏中的任一处；

　　b.在菜单栏选择 Insert(插入)命令，待子菜单弹出，选择 Column（栏目）子命令，则弹出一个对话框——Column Definition(栏目定义)，详见图1-6；

　　c.在 Column Definition(栏目定义)对话框中，第一栏是 Field Name(栏目名称)，我们点击它的下拉菜单，它会显示出很多栏目名称以供我们选择，当然，我们选择 WBS；

　　d.一直向下，直到 WBS 出现，点击它；

　　e.对话框中的第二行是 Title(题目名称)，我们可以直接写 WBS 或干脆不写；

　　f.对于其他行，因为仅仅关于字体的排列，我们可以不管；

　　g.点击 OK。

　　新的主界面出现，详见图1-7，在此我们可以看到增加的栏目 WBS 是以数码排列的方式来显现整

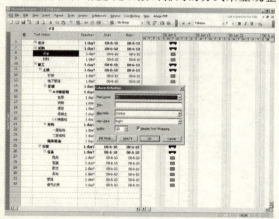

图1-6

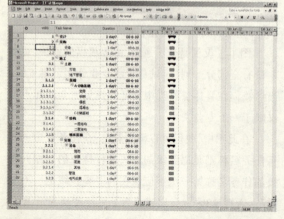

图1-7

个项目任务分解后的架构的，而且每项任务都有与之对应的唯一的 WBS 编码，且简单、明晰，利于今后按照 WBS 进行分类或编组。如 WBS 分解出现错误，也很容易根据数码编排的顺序发现问题的所在。

　　WBS 的数码是根据你的任务分解自动创建的，无需你输入数据。

　　当你确认 WBS 数码准确无误之后，你也可以将该栏目取消，具体方法是：

　　a.将光标移至 WBS 名称处，按鼠标左键，我们会发现整个 WBS 栏都被选中；

　　b.按鼠标右键，弹出一菜单，点击 Hide Column(隐藏栏目)，则 WBS 栏消失，此操作适合所有你想隐藏的栏目。

　　现在我们对第一节——工作内容的确定所需要做的工作基本结束了，做个小结，就是利用 WBS 将整个项目分解成许多小任务，列出任务清单，然后按照 WBS 的框架结构分层次地将它们输入到主界面 Gantt Chart 的任务栏中。

5.初学者最容易犯的错误

　　当第一节结束时，很多人可能会产生这样的疑问，为何在制定计划的第一步只是输入任务名称，而其他信息的输入则丝毫没有提及，为何不在输入诸如设计任务名称时，顺带把它的开始时间和完成时间一同输入呢？如果你有这样的疑问，那么你就很有可能犯了几乎所有的初学者在使用 MS Project 过程中都会犯的错误，下面我就特别着重谈谈这一常犯的错误。

　　我们还是用举例的方法来说明该错误是如何发生的，比如某人制定一个厂房基础施工的作业计划。首先他知道会有以下五道工序：土方开挖、打垫层、绑钢筋、支模板、打混凝土。然后他打算让施工队6月20日开始施工，各道工序依次而行，于是土方开挖6月20日开始，21日结束；打垫层22日开始，一天结束；后续工序依次按时间排列。

　　接着他开始往软件里输入相关数据了。首先在任务名称(Task Name)栏输入任务名称，然后开始在开始(Start)栏目输入开始时间，接着又在结束(Finish)栏目输入结束时间，完成一项任务的输入后，又开始第二项，接着第三项，直至完成所有任务的相关输入，然后认为一个基础施工的作业计划完成了，如图1-8所示。

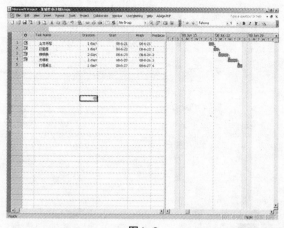

图1-8

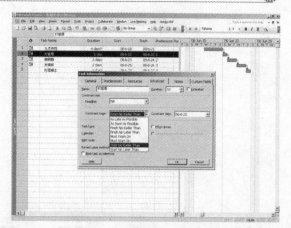

图1-9

下面我们来看看图1-8，我们发现在第一栏—显示栏(Indicator)中出现了四个图标，最后一项任务又没有，现在我们把光标移至图标处，发现两行小字出现，比如在打垫层处，出现"This task has a 'Start no earlier than' Constraint on 08-06-22"，意思是说"该任务有了一个'开始不早于'08-06-22 的限制条件"。在此我们先了解一下限制条件这个概念，所谓限制条件是指强制设定任务的开始时间和结束时间，比如我们要求某项任务必须于某日开始或结束，或者某项任务的开始时间或结束时间不早于或不晚于某天。其实一个项目中的众多任务的开始时间和结束时间往往与它的前道任务有关，如果前道任务提前，那么它也会随之提前，如果前道任务落后，那么它的开始时间也随之拖后。但假如我们将该项任务限制住了，那么它就不会随着前道任务的提前或落后而随之改变了，这样一来，计划就不真实，而且计划的更新也会变得困难，同时在计划当中也看不到时差(Total Slack)内容了。关于时差概念以后再谈。

限制条件一共有以下几种，我们可以通过以下操作去了解它：

a.在菜单栏选择 Project(项目)命令，待子菜单弹出，选择 Task Information(任务信息)子命令，则弹出 Multiple task information(多重任务信息)对话框。

我们也可以在工具栏上直接点击任务信息图标。

b.在对话框中，选择 Advanced(高级)子页。

c.在 Constraint type(限制类型)行中，点击下拉菜单，一系列的限制条件列出，见图1-9。

通过以上方法，我们可以看出各项任务的限制条件。只要是我们直接在开始时间(Start)和结束时间(Finish)输入日期的，都会在左边的显示栏(Indicator)中出现图标，也就是说它们都被加入了限制条件，这是不对的，我们应该通过建立各个任务间的逻辑关系来确定它们的开始时间和结束时间，也就是说最早开始的一项任务我们可以使用限制条件来确定该项目的开始时间，其他任务则尽可能少地直接输入开始和结束时间。改变各任务的限制条件很简单，在限制类型的下拉菜单中，选择 As Soon As Possible(越快越好)即可，意思是前道完成后，后道任务越早越好地跟上。

明白以上道理之后，我们判断一个计划制定者是否专业就变得很容易了，拿到一份计划，只要看看左边的显示栏(Indicator)，如果出现很多限制图标，那么我们可以肯定该计划的制定者仅仅是个初学者，既不了解制定计划的必要步骤，又不懂得 MS Project 的具体操作方法，因此你有必要告诉他犯了什么初级错误。正确的步骤和方法应该是什么。

初学者在此很容易犯错误的原因，一是对计划管理的必要步骤不太清楚；二是 MS Project 主界面的设计 Gantt Chart 容易误导初学者，当人们点击开始时间栏目时，发现有日历时间可供选择，因此很自然地认为任务的开始时间和结束时间就在此设定，从而不知不觉地加入了限制条件，让计划的制定从一开始就出现了基础性的错误，这一点要特别记住。

建造师论坛

装饰工程项目施工成本的动态控制

◆ 王 雁

(中盛集团公司,哈尔滨 150000)

随着我国国民经济持续稳定地发展以及人民生活水平的不断提高,尤其是建筑业及房地产业的迅猛发展,装饰装修需求日益扩大,装饰企业总数达 25 万家左右,直接从业人员高达 1 000 万人,年装饰工程总产值 9 000 多亿元,年增加值 2 830 亿元,装饰行业产值占国内生产总值已达 6%左右;行业年增长速度在 20%以上。中国加入 WTO 后,中国装饰企业面临着国外竞争者的冲击,据统计,仅在我国 815 家一级资质装饰施工企业中,同时具有一级装饰施工和甲级装饰设计资质的企业原有 324 家,引进了大量国外资金。全世界各大建筑公司都看好中国的装饰市场,全球建筑业 50 强都在中国建立了合资机构或分支机构,相当一部分参与了装饰工程。纵观一些高质量的装饰工程投标案例可以发现,我国装饰企业明显处于较低层面的竞争水平。而企业经营的最终目标是经济效益最优化,当建筑装饰产品的价格一旦确定,成本便是最终效益的决定因素。只有稳健地控制住建筑装饰工程项目的动态成本,利润空间才能打开。因此,重视建筑装饰企业成本分析,提高我国装饰业的竞争力,对于装饰企业适应不断开放的市场需求,具有比较重要的理论与实际意义。

装饰工程项目施工成本管理,随着近几年建筑装饰行业工程量清单计价的实行,对装饰施工企业成本管理提出了新的要求,是建筑装饰行业中最受关注的话题,也是装饰施工企业管理的重点。

装饰工程项目施工成本控制概述,装饰施工成本管理是企业的一项重要的基础管理,是指施工企业结合本行业的特点,以施工过程中直接耗费为原则,以货币为主要计量单位,对项目从开工到竣工所发生的各项收支进行全面系统的管理,以实现装饰施工成本最优化目的的过程。它包括落实装饰施工责任成本、制定成本计划、分解成本指标、进行成本控制、成本核算、成本考核和成本动态监督的过程。装饰施工成本的过程控制,通常是指在装饰施工成本的形成过程中,对形成成本的要素,即施工生产所耗费的人力、物力和各项费用开支,进行监督、调节和限制,及时预防、发现和纠正偏差,从而把各项费用控制在计划成本的预定目标之内,达到保证企业生产经营效益的目的。1)装饰施工成本目标必须与详细的技术质量目标、进度目标、工作范围、工作量等同时落实到责任人,作为评价的尺度;2)在装饰成本分析中,必须同时分析进度、效率、质量状况,才能得到反映的实际信息,才有实际意义和作用,否则,很容易产生误导。装饰施工成本的过程控制是在成本发生和形成的过程中,由于成本的发生和形成是一个动态的过程,决定了成本的过程控制也是一个动态过程。

装饰工程由于其项目的复杂程度大于土建工程,因而成本管理工作的难度也大于土建工程,主要表现在:一是装饰工程的技术含量高,工艺复杂,新材料、新技术应用推广更新速度快;二是装饰工程材料品种、规格多,材料质量、档次、价格相差大,定量分析和预算、编标口径较难统一。因此,造成施工企业岗位目标成本制定不确切,导致节约成本积极性调动不充分。装饰工程项目的施工周期相对土建项目要短,有时难免使得成本统计工作滞后,致使检查成本当时缺少依据,造成成本失控。建筑装饰工程项目施工成本动态控制研究,所谓装饰施工成本的动态控制,就是在项目建设实施过程中经常不断地实行实际成本值与目标成本的比较,若发现偏离目标的范围,及时纠正。我们青海电力调度公司的建筑装饰工程项目施工周期短,只有100d,建筑装饰工程工期一般3个月左右,工程项目总占地面积2 750m²,总建筑面积约1.2万m²,投资额约5 500万元人民币。超期一天罚款2万,提前一天奖励2万,工程主体是现浇混凝土框架结构,该工程对建设工期要求紧迫,时间弹性小,工程本身又有建设规模大、设计变更多、施工条件、施工工艺复杂、场地狭窄、施工单位多、施工交叉作业频繁等特点。此工程工期短,为了不让成本动态控制统计和分析工作滞后,我们把建筑装饰工程按每个月划分为A、B、C三个区间(并衍生出D、E两区间),按月结成本。

A为上月末实际控制结果,B为本月实际完成值,C为控制期末至项目结束的剩余成本预测(诊断)值,E为整个项目期成本,D为整个项目本月末完成实际的成本。B是我们通常要核算的,本期末为前锋期,C为成本预测值,从而估计那些未完的项目并作调整,它的预测值越来越小,我们通常抓住的是B段,因为A段是前面的各分项工程的人工费+各分项工程材料费+各分项工程设备费+各分项工程外包费用+各分项工程管理费分摊,就是已经完成各分项工程的实际成本,然后把各分项工程人、材、机累加,最终算出一个精确的A区实际成本值,然后A区实际成本+B区实际成本=D区本期末的实际成本,然后根据A区和B区实际成本,预测出C区的实际成本,再汇集整个项目期总成本E区,这样就避免得相对土建项目时间要短、成本统计工作滞后的现象(图1)。

建筑装饰施工项目成本动态控制的必要性。在市场经济中,装饰施工项目的成本控制不仅存在于项目控制中,项目的经济效益又是通过盈利的最大化和成本的最小化来实现的。特别是当装饰施工企业通过投标竞争取得施工项目,签订合同并确定了合同价格之后,它的项目经济目标就只能完全通过成本控制来实现了。因此,在实际装饰施工过程中,若忽视成本控制或控制技术太差,必将使成本处于失控状态,而有些项目管理者却只能在项目结束或者结算阶段时才知道实际开支和盈亏,这时的损失往往已经无法弥补了。

进度与成本动态控制和偏差分析

还是以青海电力调度公司的建筑装饰工程项目为例,其施工周期只有100d,到了控制期(即前锋期),经过分析发现主要活动拖延,0′是实际成

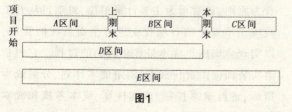

图1

本，O′和计划工期及成本都产生差异，我们就要把 O′ 作为基本点来分析后期的情况，要和网络计划调整相衔接，把前锋期成本核算、效率状况带到网络里，就可以预测后期的 S 曲线的走向，如不采取任何措施就会如图 2 中 A 方案所示，仍按原计划执行，则会发生工期延误 15%，到最后成本增加（包括工期拖延的违约金支付）5%。如果采取加速赶工的措施（即如图 2 中 B 方案）则工期仍然按计划（合同）完成，那么就必须调整网络里的逻辑关系，还要大量地增加资源和费用的投入，最后工期的拖延会被赶回来，结果成本却比原来增加 10%。按照进度控制的一般过程，从施工进度计划的编制、到施工实施过程中的检查与调整，其中进度计划的合理与否是进度控制的前提，施工过程中的检查、调整与处理是进度控制的关键。

因而，在项目组织体系中专门设立项目进度控制管理岗位，设专人负责进度控制工作。我们根据工程现有的特点，采取进度网络图重新调整和优化，倒排工期，若检查的实际施工进度产生的偏差影响了总工期，在工作之间的逻辑关系允许改变的条件下，改变关键线路和超过计划工期的非关键线路上的有关工作之间的逻辑关系，达到缩短工期的目的。用这种方法调整的效果是很显著的。例如，可以把依次进行的有关工作改变成平行的或搭接的以及分成几个施工段进行流水施工，提高工程整体效率。在工程费用增加合理的范围内尽可能地缩短工程计划建设工期。最后，虽然预计拖后的工期不但被赶了回来，还提前了一天，但是在造价上超支 40 万元，我们利用因果分析图的方法，分析出影响工期的关键因素，算出超支原因不是劳动效率的原因，而是由于增加工作量和天然不可抗力所造成的，经过合理的计算，通过索赔得到 55 万元。55-40=15 万元，再加上奖励 2 万元，最后节余 17 万元。

我们还同时在成本动态控制中进行偏差分析，这也是实现控制目标的有效办法。项目实施的各阶段，要不断进行费用比较，即成本计划值与实际值的比较。费用比较的结果会显示出成本计划值与实际值之间存在的差异，这种差异在成本控制中叫作成本偏差，简称为偏差。进行偏差分析时，可以采用两种不同的分析依据：一是以已完工程计划成本、已完工程实际成本和拟完工程计划成本这三项指标作为依据进行分析；二是以已完工程计划成本、已完工程实际成本和赢得值这三项指标作为分析依据。

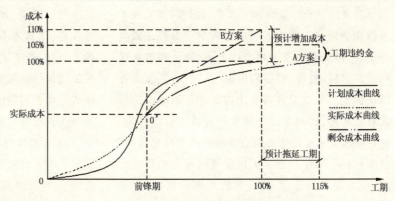

图 2 成本分析预测图

记录已完成工作的实际费用消耗是为了生成曲线，我们每月（周）要分别按中标的工作包，对照其实际完成的工作量，分别记录其实际消耗的人工时数和实际消耗的费用值，将其逐月（周）累加即可生成 ACWP 曲线。为准确、及时地记录项目的实际成本，必须建立及时和定期收集资金实际支出数据的制度，包括收集数据的步骤、报表规范，建立成本支出台账制度。

模型从考察期，到本期末的实际工期和实际成本状况出发，对项目"实际成本～工期"曲线与计划成本模型进行比较，以目前的经济环境、近期的工作效率、实施方案为依据，对后期工程成本进行预测；以目前的工期和实际成本为出发点，作后期的成本调整计划。成本控制中的挣值法考虑项目实际工程量完成情况对成本的影响，可对项目进度和费用进行综合控制。挣值法有 3 个概念：拟完工程计划成本；已完工程实际成本；已完工程计划成本。它们的定义如下：

$BCWS$=计划工作量×计划价格　　　　(1)

$ACWP$=实际工作量×实际价格　　　　(2)

$BCWP$=实际工作量×计划价格　　　　(3)

在成本模型中,将过去每个控制期末的这3个值标出形成三条曲线,通过三条曲线对比,可直观地得到中间状态(考察点 P)和最终状态的累计成本偏差值、进度偏差值,综合反映成本和进度情况(图3)。

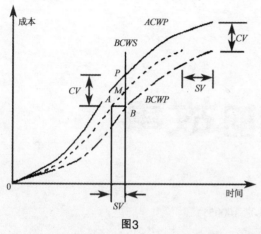

图3

这个方法有很大的灵活性,可以根据不同目标需要,以挣值法的3个概念提供不同要求的报告。利用以上形成的三条曲线,即可以进行项目的控制效果和成本/进度偏差分析。在每月(周)对项目执行效果进行分析时,还要根据当前执行情况和趋势,对项目竣工时所需费用做出预测。

纠正成本偏差的措施

通过偏差分析,找出产生偏差的主要原因以后,成本控制人员要针对性地提出纠偏措施,保证在后续工作中减少或避免类似偏差的再度发生。从控制成本手段来讲,纠偏措施一般包含四个方面,即组织措施、经济措施、技术措施和合同措施。①组织措施:在工程的施工阶段,建立健全的成本控制组织,完善职责分工及有关制度,落实成本控制的责任。②经济措施:在施工阶段,为控制工程成本,控制人员必须编制资金使用计划,合理地确定工程项目成本控制目标值,包括工程项目的总目标值、分目标值、明细目标值。如果没有明确的成本控制目标,便无法把项目的实际支出额与之比较,不能进行比较也就不能找出偏差,找不出偏差,控制就缺乏针对性。③技术措施:进一步审核施工组织设计和施工方案,合理开支施工措施费;按合理工期组织施工,避免不必要的赶工费。④合同措施:按合同规定,保质、保量地完成施工项目,控制分包商的成本;及时向业主要求进度款的支付,减少资金费用;使业主提供良好的施工环境,保证项目顺利实施;及时向业主提出索赔要求等。

随着装饰行业的进一步发展和建筑市场秩序的逐步规范,施工项目具有一次性的特点,而影响施工项目成本的因素众多,如内部管理中出现的材料超耗过多、工期延误、施工方案不合理、施工组织不合理等都会影响工程成本,同时,系统外部有关因素(如通货膨胀、交通条件、设计文件变更等)也会影响项目成本,所以,必须针对成本形成的全过程实施动态控制。成本控制得当与否,将直接制约装饰施工企业的业务承接和发展壮大。加强成本控制,将成为装饰施工企业的制胜法宝。我们青海电力调度公司的建筑装饰工程项目中,就采用了"赢得值原理"和进度和成本动态分析预测图法,对工程进行了综合管理和控制,都取得了良好的经济效益,这几种方法值得在工程中大力推广。由此可见,成本控制体系实际上就是要建立一个计划、实施、检查和处理的循环。循环在成本控制体系中是不断进行的,每循环一次,就实现一定的目标,解决一定的问题,使成本管理目标不断得到优化。同时,在成本控制体系中,整个企业是一个大的循环,各管理层、各部门依次有小的循环,下一级的循环是上一级的具体落实,如此大环套小环,环环相切,相互促进,为全面、全员、全过程的成本控制的实施提供保证,使目标成本得到实现,进而提高企业的整体经济效益。

参考文献:

[1]李光耀,曾喻炎.建筑装饰工程项目成本控制研究[J].科技资讯,2006.

[2]许焕兴,上官子昌.装饰装修建造师实务手册[M].北京:机械工业出版社,2005.

[3]中国建筑装饰协会.中国建筑装饰行业年鉴[M].北京:中国建筑工业出版社,2006.

[4]徐蓉等.土木工程施工项目成本管理与实例[M].济南:山东科学技术出版社,2004.

土法"吊"钢的故事

◆ 左慧萍

(北京建工集团,北京 100055)

2006年初的一天上午,在蒙古分公司香格里拉项目部的会议室里坐满了人,却静得连根针掉地上都听得见。全屋子的人都无助的盯着铺在会议桌上的施工图纸发愣。

会议桌上摊铺的是项目部今天刚刚从设计单位拿到的修改后的图纸,里面有甲方、设计、监理对本工程的最新修改意见。为什么不赶快抓紧时间按要求施工,反而会出现众人瞠目结舌的一幕呢?

原来,蒙古国乌兰巴托香格里拉办公楼工程于2005年就已经开工建设了,由于当时设计单位出具的设计图中并没有型钢柱,所以施工单位在编制施工组织设计、选择塔吊时并没有考虑型钢柱的吊装,而且当年就已经完成了塔吊基础的全部施工。再看看这张修改后的图纸,上面赫然标注着1 300mm×1 300mm的型钢柱与地下室至七层剪力墙紧紧连在一起。

就在大家手足无措,不知道该怎么办的时候,一个斩钉截铁的声音打破了原来的沉寂:"咱们自己吊!"

刘兴杰,国际工程部蒙古分公司香格里拉项目部经理,一个有着数十年施工经验的工程师开口了。全屋的人立刻来了精神,大家的表情也由凝重变得轻松,开始七嘴八舌的议论着刘工到底有什么好办法。

再看看刘兴杰经理,脸上的表情变得刚毅、果决,他深知这么做的后果,但他必须这么做,也只能这么决定。首先,塔吊基础已经无法更换,如果利用现有这一台塔吊吊运型钢柱,吊装能力是远远不够的;其次,由于蒙古经济比较落后,机械设备稀缺。根据型钢柱的重量和安装高度,需租赁一台45t的汽车吊。这种汽车吊整个蒙古只有两台,如果想用必须提前5天预订,而且每小时的租赁费用高达270美元,出租单位还规定租赁费用自汽车吊离开该单位开始计算,回到该单位才算结束。这样的一笔花销怎么受得了?

"大家静一静,听我说!"刘兴杰接着说道,"现在我们已经没有退路了,只能采用人工吊装。工期在这儿摆着呢,延后一天咱们就要应对业主的索赔。用汽车吊的结果想必大家也都清楚,费用咱们实在负担不起,我建议咱们项目管理人员发扬风格,自己动手怎么样"?

"行!"全屋的人异口同声地回应。

"老孙、小李、小王,你们技术部门先仔细研究新图纸,一定要全面领会修改意图,熟悉设计要求,再计算一下抱杆、绞磨的截面尺寸,验算一下吊装型钢柱时,吊装系统的受力情况,一定要科学预计其可能的变形情况,不能马虎!采购部门要随时待命,吊装时所有必需材料要保证第一时间到位,一刻也不能耽误⋯⋯"

(下转116页)

非洲建筑工地上的故事
——旱季施工

大 凉

在撒哈拉沙漠以南，赤道附近的非洲国家，一年只有雨季和旱季。雨季施工，最怕的就是连续几天的大雨，下起来就像是用桶把水从天上浇下来，雨都成了水柱了，人哪怕只是站在雨里都憋得喘不过气来，就像是没带氧气设备在潜水。工地上要是开地基，那刚好就直接成了水槽，费半天劲淘完了水，还要等它干，没干利索雨又来了，别的工作那就更无法展开了，窝工得厉害。

在我的记忆里，只要一下雨，工人们总是兴高采烈的，走起路来都是扭着屁股的非洲舞步，要是配上音乐，就干脆成舞会了。他们躲在房间里，有说有笑的，能把工地的管理者急死。那旱季施工是不是就肯定相反了？这里要讲的这个故事，恰恰是发生在旱季。顾名思义，旱季就是旱！在那儿，真的是一滴雨都没有，这时到是不窝工了，可是施工的成本就要高得多了。如果自己在工地打一口井，就要花很多钱；要不就必需买水，或者自己派车从很远的河里取水，成本之高，可想而知！

我们的工地因为要盖十几栋别墅，我们就提前破费打了一口井，反正将来也要给住在这里的人提供用水。仅从这一点来说，我们的施工环境比起其他的工地要优越很多。离我们工地百米远处，还有一条流入大海的小河。工人们经常在那儿游泳、洗澡，我也有时在河里抓几只河螃蟹，捞一堆大河虾，或者逮一条鲶鱼吃。听起来很舒适吧？尤其是在非洲的旱季，这可是小天堂一样。

这是一次铺路的施工小战役，按计划把一百多米的路面一次性铺完，我特地选在下午四点以后工作，第一避开赤道炎热的日晒，有利于工人作业；第二对水泥路面的施工更有好处。几十个工人把要用的水泥、砂子、碎石等材料都准备好，我也发了话："今天干完活，除了发加班费，每人还能喝到两听啤酒，吃到一个牛肉罐头。"这些所谓的奖励在我们国内可能算不上什么，可在我工作的非洲工地上可就算是相当丰盛了，那里的物价比我们国内贵几倍。

活干起来了，工人们都拼命加快干，我看着进度心里也暗自高兴，不时地和大家开着玩笑，一般这时我都找工人中不喜欢的人打趣，"米笛"肯定是跑不掉了。他偷柴油换早餐吃那件事已经成了大家的笑柄了，当着他的面，还不时有工人问我："海非（老板），怎么不让米笛买柴油去了？"我就也顺着工人们的玩笑说："米笛胖了，提不动那筒柴油了。"大家准是一阵大笑，米笛就很愤怒地看着

建造师风采

问我话的人。说真的,我还没把这事当回事。在非洲,对待工人不能在小事上太计较,他们人很淳朴,所以,我对米笛还是很友好。他是小工,没技术,但是他很勤快。

我看着米笛推着水泥车跑,就喊到:"米笛,你慢点跑吧,我可就给两听啤酒,你累得太厉害,我可没有多余的了,要不,把'道地'的那听给你?让他少喝一听?"("道地"就是老问我怎么不让米笛买柴油的人)米笛不爱说话,这时就只会哈哈地大笑,气得"道地"冲我叫唤,非让我保证不能把他的酒给别人。我们经常就是这样加班干活的,我觉得轻松愉快的气氛能多少减轻些工作的劳累。说实在的,白天暴晒一天,还要做这样的重体力活儿,能不累吗!

天已经很黑了,那一百多米的路也快铺完了,这时水泵突然罢工了,断水了!大家一下停了下来,我也一时被这突如其来的小故障搞懵了。心想:怎么这么倒霉!眼看着就要完了。如果剩下的一截路明天再铺就很麻烦了,一是路面接槎不好,处理不好。二是在这里施工,什么任务趁着热乎劲干完了最好,不然不知会出什么岔子。三是搅拌机里的料还要都取出来。大家都看着我:怎么办?这时现找人修水泵已经不可能了,只能认倒霉了!正准备叫大家收工,就看见米笛提着两个桶往小河的方向跑去,我心里边一惊,怎么没想起河来呀?大家一下也都明白了,拿着桶和盆就都去了河边了。好一个米笛呀,让我想起了一句记忆中很熟悉的话:榜样的力量是无穷的!他那一瞬间的行为让我至今难忘。后来看美国影片"兄弟连",其中有一个场景,就是全连被德国人的火力压制动不了时,只见中尉一下窜了出来,不顾一切地冲了过去,他矫健的身影闪来闪去。米笛那一瞬间就像他,虽然手里拿的是水桶而不是枪,可跑得比他还快,我对这些工人产生了一股由衷的敬意。

路面在大家的齐心协力下铺完了,大家累得光喝啤酒了,记忆中,那晚我们喝的啤酒味道特别浓!米笛喝着啤酒对我说:"海非,我是不是聪明?嘎北撒毕嗯(脑袋是不是特别好使)?"我连声说:"目以毕嗯(特别好)!"⑤

(上接114页)

安排妥当后,刘兴杰伸了一下腰,"我这把'老骨头'这回也得活动活动了。"

于是,施工现场上是一派管理人员紧张忙碌的景象。定位放线,地下室柱基标高找平,检查地脚螺栓的位置及外露情况,抱杆的安放,到场的型钢柱检查、验收,清理现场工作面……,一切工作都在有条不紊地展开。用绞磨拖着型钢柱就位、安装,将柱头拉离地面,校正,按设计要求进行双坡口对接焊……,从施工的前期准备到整个施工过程的全部完成,项目部全体管理人员倾注了智慧和汗水。

更值得一提的是,人工吊装所用的抱杆、绞磨均为自制,系用现有材料加工而成。指挥、推磨也都是项目部的管理人员,没用额外使用一个人工,新增人工费用为零。

人工吊装的成功,带来了37 800美元的直接经济效益。因项目变更,工期也顺延了一个月,但在大家的努力下,仅用16天就圆满地完成了任务,实际节省工期14天,这也就意味着同时节省了14天所需的人工成本和各项管理费用。

在施工遭遇重大挫折的情况下,刘兴杰经理创造性地提出人工吊装型钢柱的方法,在项目部全体人员的共同努力下,顺利完成了所有型钢柱的吊装,保证了工程如期圆满竣工,受到了业主、设计、监理各方的高度认可与赞扬,在当地树立起北京建工良好的企业形象。

启示: 管理大师彼得·德鲁克曾说道,"员工是资产和资源,而不是成本和费用"。对于企业来讲,人力资源是最可宝贵的第一资源。要把降本增效落到实处,从口号变成行动,就要充分调动人的积极性和创造性,激发人的热情和潜能,集思广益,群策群力才能达到最终目标,创造更多效益。